《科学美国人》精选系列 | 科学最前沿 天文篇

太空移民
我们准备好了吗

精选自
畅销全球
近170年
《科学美国人》

《环球科学》杂志社
外研社科学出版工作室 编

U0322440

外语教学与研究出版社
FOREIGN LANGUAGE TEACHING AND RESEARCH PRESS
北京 BEIJING

序 集成再创新的有益尝试

欧阳自远

中国科学院院士　中国绕月探测工程首席科学家

《环球科学》是全球顶尖科普杂志《科学美国人》的中文版，是指引世界科技走向的风向标。我特别喜爱《环球科学》，因为她长期以来向人们展示了全球科学技术丰富多彩的发展动态；生动报道了世界各领域科学家的睿智见解与卓越贡献；鲜活记录着人类探索自然奥秘与规律的艰辛历程；传承和发展了科学精神与科学思想；闪耀着人类文明与进步的灿烂光辉，让我们沉醉于享受科技成就带来的神奇、惊喜之中，对科技进步充满敬仰之情。在轻松愉悦的阅读中，《环球科学》拓展了我们的知识，提高了我们的科学文化素养，也净化了我们的灵魂。

《环球科学》的撰稿人都是具有卓越成就的科学大家，而且文笔流畅，所发表的文章通俗易懂、图文并茂、易于理解。我是《环球科学》的忠实读者，每期新刊一到手就迫不及待地翻阅以寻找自己最感兴趣的文章，并会怀着猎奇的心态浏览一些科学最前沿命题的最新动态与发展。对于自己熟悉的领域，总想知道新的发现和新的见解；对于自己不熟悉的领域，总想增长和拓展一些科学知识，了解其他学科的发展前沿，多吸取一些营养，得到启发与激励！

每一期《环球科学》都刊载有很多极有价值的科学成就论述、前沿科学进展与突破的报告以及科技发展前景的展示。但学科门类繁多，就某一学科领域来说，必然分散在多期刊物内，难以整体集中体现；加之每一期《环球科学》只有在一个多月的销售时间里才能与读者见面，过后在市面上就难以寻觅，查阅起来也极不方便。为了让更多的人能够长期、持续和系统地读到《环球科学》的精品文章，《环球科学》杂志社和外语教学与研究出版社合作，将《环球科学》刊登的科学前沿精品文章，按主题分类，汇编成"科学最前沿"系列丛书，再度奉献给读者，让更多的读者特别是年轻的朋友们有机会系统地领略和欣赏众多科学大师的智慧风采和科学的无穷魅力。

"科学最前沿"系列丛书包括七个分册：

1. 天文篇——《太空移民 我们准备好了吗》

2. 医药篇——《现代医学真的进步了吗》

3. 健康篇——《谁是没病的健康人》

4. 环境与能源篇——《拿什么拯救你 我的地球》

5. 科技篇——《科技时代 你OUT了吗》

6. 数理与化学篇——《霍金和上帝 谁更牛》

7. 生物篇——《谁是地球的下一个主宰》

当前，我们国家正处于科技创新发展的关键时期，创新是我们需要大力提倡和弘扬的科学精神。"科学最前沿"系列丛书的出版发行，与国际科技发展的趋势和广大公众对科学知识普及的需求密切结合；是提高公众的科学文化素养和增强科学判别能力的有力支撑；是实现《环球科学》传播科学知识、弘扬科学精神和传承科学思想这一宗旨的延伸、深化和发扬。编辑出版"科学最前沿"系列丛书是一种集成再创新的有益尝试，对于提高普通大众特别是青少年的科学文化水平和素养具有很大的推动意义，值得大加赞扬和支持，同时也热切希望广大读者喜爱"科学最前沿"系列丛书！

前言 # 科学奇迹的见证者

陈宗周
《环球科学》杂志社社长

1845年8月28日，一张名为《科学美国人》的科普小报在美国纽约诞生了。创刊之时，创办者鲁弗斯·波特（Rufus Porter）就曾豪迈地放言：当其他时政报和大众报被人遗忘时，我们的刊物仍将保持它的优点与价值。

他说对了，当同时或之后创办的大多数美国报刊都消失得无影无踪时，快满170岁的《科学美国人》却青春常驻、风采迷人。

如今，《科学美国人》早已由最初的科普小报变成了印刷精美、内容丰富的月刊，成为全球科普杂志的标杆。到目前为止，它的作者，包括了爱因斯坦、玻尔等148位诺贝尔奖得主——他们中的大多数是在成为《科学美国人》的作者之后，再摘取了那顶桂冠。它的读者，从爱迪生到比尔·盖茨，无数人在《科学美国人》这里获得知识与灵感。

从创刊到今天的一个多世纪里，《科学美国人》一直是世界前沿科学的记录者，是一个个科学奇迹的见证者。1877年，爱迪生发明了留声机，当他带着那个人类历史上从未有过的机器怪物在纽约宣传时，他的第一站便选择了《科学美国人》编辑部。爱迪生径直走进编辑部，把机器放在一张办公桌上，然后留声机开始说话："编辑先生们，你们伏案工作很辛苦，爱迪生先生托我向你们问好！"正在工作的编辑们惊讶得目瞪口呆，手中的笔停在空中，久久不能落下。这一幕，被《科学美国人》记录下来。1877年12月，

《科学美国人》刊文，详细介绍了爱迪生的这一伟大发明，留声机从此载入史册。

留声机，不过是《科学美国人》见证的无数科学奇迹和科学发现中的一个例子。

可以简要看看《科学美国人》报道的历史：达尔文发表《物种起源》，《科学美国人》马上跟进，进行了深度报道；莱特兄弟在《科学美国人》编辑的激励下，揭示了他们飞行器的细节，刊物还发表评论并给莱特兄弟颁发银质奖杯，作为对他们飞行距离不断进步的奖励；当"太空时代"开启，《科学美国人》立即浓墨重彩地报道，把人类太空探索的新成果、新思维传播给大众。

今天，科学技术的发展更加迅猛，《科学美国人》的报道因此更加精彩纷呈。新能源汽车、私人航天飞行、光伏发电、干细胞医疗、DNA计算机、家用机器人、"上帝粒子"、量子通信……《科学美国人》始终把读者带领到科学最前沿，一起见证科学奇迹。

《科学美国人》追求科学严谨与科学通俗相结合的传统也保持至今，并与时俱进。于是，在今天的互联网时代，《科学美国人》及其网站，当之无愧地成为报道世界前沿科学、普及科学知识的最权威科普媒体。

科学是无国界的，《科学美国人》也很快传向了全世界。今天，包括中文版在内，《科学美国人》在全球用15种语言出版国际版本。

《科学美国人》在中国的故事同样传奇。这本科普杂志与中国结缘，是杨振宁先生牵线，并得到了党和国家领导人的热心支持。1972年7月1日，在周恩来总理于人民大会堂新疆厅举行的宴请中，杨先生向周总理提出了建议：中国要加强科普工作，《科学美国人》这样的优秀科普刊物，值得引进和翻译。由于中国当时正处于"文革"时期，杨先生的建议6年后才得到落实。1978年，在"全国科学大会"召开前夕，《科学美国人》杂志中文版开始试刊。1979年，《科学美国人》中文版正式出版。《科学美国人》引入中国，还得到了时任副总理的邓小平以及国家科委主任方毅（后担任副总理）的支持。一本科普刊物在中国受到如此高度的关注，体现了国家对科普工作的重视，同时，也反映出刊物本身的科学魅力。

如今，《科学美国人》在中国的传奇故事仍在续写。作为《科学美国人》在中国的版权合作方，《环球科学》杂志在新时期下，充分利用互联网时代全新的通信、翻译与编辑手段，让《科学美国人》的中文内容更贴近今天读者的需求，更广泛地接触到普通大众，迅速成为了中国影响力最大的科普期刊之一。

《科学美国人》的特色与风格十分鲜明。它刊出的文章，大多由工作在科学最前沿的科学家撰写，他们在写作过程中会与具有科学敏感性和科普传播经验的科学编辑进行反复讨论。科学家与科学编辑之间充分交流，有时还有科学作家与科学记者加入写作团队，这样的科普创作过程，保证了文章能够真实、准确地报道科学前沿，同时也让读者大众阅读时兴趣盎然，激发起他们对科学的关注与热爱。这种追求科学前沿性、严谨性与科学通俗性、普及性相结合的办刊特色，使《科学美国人》在科学家和大众中都赢得了巨大声誉。

《科学美国人》的风格也很引人注目。以英文版语言风格为例，所刊文章语言规范、严谨，但又生动、活泼，甚至不乏幽默，并且反映了当代英语的发展与变化。由于《科学美国人》反映了最新的科学知识，又反映了规范、新鲜的英语，因而，它的内容常常被美国针对外国留学生的英语水平考试选作试题，近年有时也出现在中国全国性的英语考试试题中。

《环球科学》创刊后，很注意保持《科学美国人》的特色与风格，并根据中国读者的需求有所创新，同样受到了广泛欢迎，有些内容还被选入国家考试的试题。

为了让更多中国读者能了解到世界前沿科学的最新进展与成就，开阔科学视野，提升科学素养与创新能力，《环球科学》杂志社与外语教学与研究出版社合作，编辑出版了这套"科学最前沿"丛书。

丛书内容从近几年《环球科学》（即《科学美国人》中文版）刊载的文章中精选，按主题划分，结集出版。这些主题汇总起来，构成了今天世界前沿科学的全貌。

丛书的特色与风格也正如《环球科学》和《科学美国人》一样。中国读者不仅能从中了解到科学前沿，还能受到科学大师的思想启迪与精神感染。

在我们正努力建设创新型国家的今天，编辑出版这套"科学最前沿"丛书，无疑具有很重要的意义。展望未来，我们希望，在"科学最前沿"的读者中，能出现像爱因斯坦那样的科学家、爱迪生那样的发明家、比尔·盖茨那样的科技企业家。我们相信，"科学最前沿"的读者会创造出无数的科学奇迹。

未来中国，一切皆有可能。

陈宗周

目录

CONTENTS

话题六▸千奇百怪的"太阳"

目录

话题七▸宇宙空间的隐形"居民"

CONTENTS

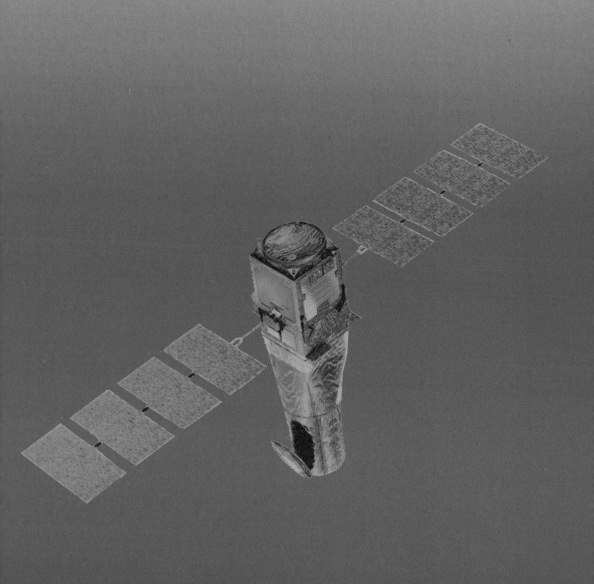

话题一

危机四伏的地球

地球是我们赖以生存的家园，它孕育了生命，也时刻保护着地球上的万千物种。但不速之客的到访随时可能打破这片平静——它可以送来太空礼物，也可以毁灭我们的家园。如果我们足够幸运，躲过了一次次危机，那也逃不掉最终的命运——在日益增温的太阳下，我们的地球将变成一个大熔炉。

来自太空的潮湿岩石

撰文：约翰·马特森（John Matson）

翻译：谢懿

INTRODUCTION

　　水是生命之源，地球上生命的出现离不开水。那么在地球形成的时候，是谁把水带到这个星球的呢？一种观点认为，小行星可能是地球上水的来源之一。小行星表面水冰的发现，支持了这一观点。

　　颗在火星和木星之间绕太阳转动的小行星，表面拥有水冰和有机化合物——这是首次在小行星上发现这些成分。这些特征过去一直跟来自太阳系更寒冷、更偏远地带的彗星联系在一起。这一发现支持了这样一种观点：小行星可能为早期地球的海洋提供了水，以及让生命得以诞生的前生命化合物。

　　在2010年4月29日出版的《自然》（Nature）杂志上，两个小组报告了他们对直径200千米的第24号小行星司理星

主带彗星

　　主带彗星是位于小行星带中的天体，它们的离心率和轨道倾角与小行星相似。但主带彗星并不是一般意义上的彗星，之所以用彗星给它命名，是因为一些主带彗星在接近近日点时会出现彗尾。

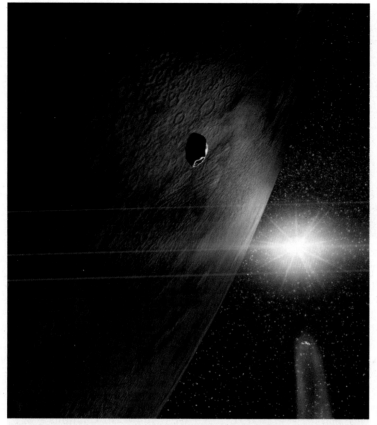

岩石里的冰：艺术家笔下的第24号小行星司理星和两个较小的天体，其中之一是位于小行星带中的一颗彗星。观测预示司理星上存在水冰，支持了小行星给地球海洋带来海水的观点。

（Themis）的最新观测结果。他们都观察到了一种红外吸收特征，预示着小行星表面有薄薄的一层霜冻，还有一些未知的有机化合物。美国国家航空航天局（NASA）艾姆斯研究中心的行星科学家戴尔·克鲁克香克（Dale Cruikshank）说："他们找到了包括我在内的许多人在太阳系中追寻已久的东西。"

司理星之所以会引起关注，部分原因在于它的轨道和所谓的主带彗星（main-belt comet）相似，表明它们很可能

木星附近的小行星带。

来自同一母体。主带彗星位于小行星带中，却拖着一条彗星一样的彗尾，科学家认为这是水冰升华之后形成的。克鲁克香克说，这些新发现的主带彗星，现在还要算上司理星，"都是非常有趣的天体，有可能是地球海洋的源头之一"。

美国中佛罗里达大学（University of Central Florida）的天文学家、这项研究的合作者温贝托·坎平斯（Humberto Campins）说，其他小行星可能也含有水冰。"也有可能司理星是独一无二的，"坎平斯说，"只是我们还不知道。"

司理星小资料

1853年4月5日，司理星（Themis）被意大利天文学家安尼巴莱·德·加斯帕里斯（Annibale de Gasparis）发现。此后，人们以希腊神话中秩序和正义之神的名字Themis为其命名。司理星是人类发现的第24颗小行星，在主带小行星中是较大的一颗。近年来，科学家使用红外线望远镜证实司理星的表面有水冰存在。与此同时，科学家还检测到司理星上存在着有机化合物。

启动磁场 盾卫地球

撰文：约翰·马特森（John Matson）

翻译：庞玮

INTRODUCTION

地球不但孕育了生命，还以它强有力的武器时刻保护着这个生物赖以生存的家园，使生命得以延续，这个武器就是磁场。太阳风夺去了金星和火星上大量的水，而地球却凭借它的磁场保护地球上的生命逃过了太阳风的魔掌。

地球强有力的磁场保护着这颗行星和寓居其上的生命免受太阳风的侵袭，使它们不至于像金星和火星那样，由于缺乏坚强的盾卫，在演化岁月中被来自太阳的离子风暴不断轰击，水资源被横扫殆尽，大气层也渐趋无力。弄清地球磁场出现的时间表和地磁产生机制（地核外层的岩浆对流，像发电机一样产生地球磁场），有助于还原地球早期历史，揭示包括地质、气象和天文过程在内的各种因素是如何将地球打造成一处宜人之所的。

美国罗切斯特大学（University of Rochester）的地球物理学家约翰·塔尔杜诺（John A. Tarduno）已经和同事一道试图对此寻根溯源。他们

地球磁场抵御着太阳风和太阳辐射。

展示的证据表明，地球早在34.5亿年前就通过上述流体发电机的机制获得了磁场，此时距地球形成不过10亿年左右。这项最新的研究成果发表在2010年3月5日的《科学》（Science）杂志上，它将地球磁场的历史提前了至少2亿年。从事相关研究的另一个小组曾在2007年展示了类似证据，不过他们的岩石样本年代稍晚，结果推测出地球在32亿年前便拥有了很强的地磁场。

塔尔杜诺和他的研究组分析了来自卡普瓦尔克拉通（Kaapvaal craton，克拉通指地壳中相对稳定的部分）的岩石，这一区域位于非洲大陆南部尖端附近，仍保留着早期太古宙（Archean）陆壳的原貌（太古宙是指距今约38亿年前至25亿年前的这段地质时期）。他们在2009年发现，其中一些岩石在34.5亿年前曾被磁化过，而现有的直接证据表明生命诞生于约35亿年前，两者大致吻

磁力线保护地球：新的证据表明，保护地球不受太阳风直接吹袭的地球磁场，可以追溯到大约34.5亿年前，与生命诞生大致同时。

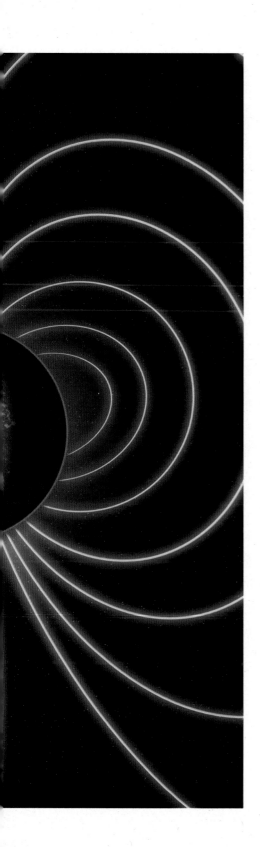

合。但这些岩石磁场也有可能是被地外磁场磁化的，如太阳风暴。金星就是一个例子，尽管它的内部磁场很弱，但太阳风暴对其浓厚大气层的不断轰击，仍导致金星拥有一个可探测的行星磁场。

在这项最新研究中，他们测算了在卡普瓦尔岩石上留下现有磁场烙印所需的磁场强度，结果表明该磁场强度是现有地磁强度的50%～70%，比预期的外部磁场（如微弱的金星磁场）强出好多倍。这一结果表明，当时存在的磁场应该是内部流体发电机产生的。

研究者进一步推测了当时的地磁能在多大程度上抵御太阳风，由此发现太古宙早期地球的磁层顶（magneto-pause）距离地球表面约3万千米。磁层顶是地磁场抵御太阳风的最外层边界。如今地球磁层顶到地面的距离约为6万千米，具体位置会随太阳的极端能量喷发活动而不断变动。塔尔杜诺说："35亿年前磁层顶的稳定位置，和如今超级太阳风暴发生时的磁层顶位置差不多。"磁层顶距离地面如此之近，无法完全屏蔽太阳风，因此早期地球或许已经失去过很多的水。

随着寻找太阳系外类地行星的步伐日益加快，塔尔杜诺说，今后在模

太阳风

太阳风是从太阳大气最外层的日冕，向空间持续抛射出来的物质粒子流。这种粒子流是从冕洞中喷射出来的，其主要成分是氢粒子和氦粒子。太阳风对地球的影响很大，当它抵达地球时，往往引起很大的磁暴与强烈的极光，同时也产生电离层骚扰。

拟行星的生命适宜程度时应该将星风、行星大气和磁场之间的关系考虑进去。他指出，目前看来磁场对行星水储量的影响尤为重要。

美国华盛顿大学塔科马分校（University of Washington Tacoma）的地质学家彼得·塞尔金（Peter A. Selkin）认为，上述工作引人入胜，结果也合乎情理。不过他也指出，虽然卡普瓦尔克拉通的矿物构成和环境温度在过去数十亿年间变化不大，"但并非原封不动地保持在初始状态"，他认为"还要进一步分析塔尔杜诺及其合作者所用的矿石，不能急于拍板"。

加拿大多伦多大学（University of Toronto）的地球物理学家戴维·邓洛普（David J. Dunlop）对塔尔杜诺小组的结果有信心，他称此项工作"论证非常严谨"。把这些磁场出现的时间确定在距今34亿～34.5亿年前"是非常有把握的"。邓洛普还说："能将地球发电机的启动时间再往前推，想想就让人激动，不过这似乎不太可能了。"因为地球上再也没有其他地方能够获得自然界如此垂青，将原始磁场的痕迹如此完整地保存下来了。

预警：小行星撞地球

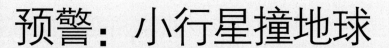

撰文：任文驹（Philip Yam）
翻译：刘旸

I NTRODUCTION

承载着亿万生命的地球看似强大，却也抵挡不了天外来客的偷袭。好在人类掌握了更加先进的技术，已经可以试着探测威胁我们家园的小行星了。

研究人员首次在一颗小行星（直径仅为几米）击中地球表面之前，追踪到了它的运行轨迹。美国亚利桑那州图森市附近的卡特里那巡天系统（Catalina Sky Survey）参与了一项全球合作观

测计划，目标是寻找可能撞击地球的近地天体，并测定它们的位置。该系统中的一台望远镜于2008年10月6日成功发现了一颗名为2008 TC3的小行星。研究人员随即准确预测，这颗来自外太空的巨石将于第二天当地时间凌晨5时46分，以每秒12.8千米的速度在苏丹北部上空闯入大气层，释放出的能量相当于1,000吨TNT炸药发生爆炸。平均而言，类似大小的天体每隔几个月就会撞击地球一次。

卡特里那巡天系统

1998年，美国国会把一项艰巨的任务交付给美国国家航空航天局（NASA），要求NASA确认90%以上直径大于1千米的近地天体，NASA由此部署实施了一系列以近地天体为对象的观测计划，卡特里那巡天系统在这样的背景下应运而生。

卡特里那巡天系统肩负着搜索那些可能对地球构成潜在撞击威胁的高危小行星的重任。三台拥有该领域最尖端技术的天文望远镜是卡特里那巡天系统中的重要设备，它们分别位于美国亚利桑那州图森市的莱蒙山和毕吉诺山，以及澳大利亚的赛丁泉天文台。

小行星拂"面"而过

数据来源：NASA近地天体项目组、《环球科学》2008年第7期《搜寻通古斯天外来客》

INTRODUCTION

在人类监控范围内的小行星数量还少得可怜，有时候小行星已经十分靠近我们，我们才注意到它。让我们来看看这颗2009年发现的小行星是怎么与地球拂"面"而过的。

2009年，一颗小行星擦着地球表面飞掠而过，它的大小与1908年造成通古斯大爆炸的那颗小行星相当。2009年3月2日，这个刚刚发现几天、编号为2009 DD45的小行星就与地球擦身而过，最近距离仅相当于地球同步卫星轨道半径的两倍。这颗小行星的轨道与地球轨道相交，不过至少在未来58年之内，它不会再跑到如此靠近地球的地方了。

通古斯大爆炸

1908年6月30日上午7时17分，俄罗斯西伯利亚地区的通古斯河附近发生了一次大爆炸。目前学界对这次大爆炸的成因依然众说纷纭，不少科学家认为这与小行星撞击地球有关。通古斯大爆炸的威力大约相当于1,000多万吨TNT炸药爆炸，它将2,000多平方千米的森林夷为平地，摧毁了约6,000万棵树木。

回忆起通古斯大爆炸，狂风、强光、火球以及巨大的蘑菇云、颤动着的大地是目击者们共同的记忆。除俄罗斯之外，爆炸还波及其他国家。爆炸发生后的几天里，欧洲多个国家的夜空都出现了亮如白昼的现象。

2009 DD45的估算直径：35米

相对于地球的速度：8.82千米/秒

与地球的最近距离：72,200千米

地球同步卫星轨道半径：35,786千米

下次接近地球的时间：2067年3月

下次经过时距地面最短距离：110,682千米

造成通古斯事件破坏力的爆炸当量：1,000万~1,500万吨

截至2009年3月15日，探测到的近地小行星数目：6,043颗

陨石坑 一个真实的百慕大

撰文：格雷厄姆·科林斯（Graham P. Collins）
翻译：Joy

I NTRODUCTION

让我们来看看地球被小行星撞击后留下的痕迹。在南非的弗里德堡，我们可以见到地球上最古老也是最巨大的撞击遗迹之一，一个总直径为250～300千米的陨石坑。在它的中心，磁场杂乱，让人不禁想起神秘的百慕大三角。

"这就像在百慕大三角一样，"南非艾塞姆巴加速器基础科学实验室（iThemba Laboratory for Accelerator Based Science）的罗杰·哈特（Rodger Hart）说。我拿着指南针亲自进行了验证。起初，磁针稳定地指向一个方向，根据我的知识，这应该是磁北极的方位。我向前跨了一步，磁针却转向了一个完全不同的象限（quadrant），再跨一步，又是另一个方向。然后，我把指南针紧靠在我们站立的那块露出地表的巨大岩石上面。我在岩石上移动指南针，每隔几厘米，磁针就会摇摆不定。

这里是弗里德堡陨石坑（Vredefort Crater）的中心，位于南非约翰内斯堡西南方向大约100千米处。弗里德堡是地球上最古老和最巨大的撞击遗迹之一，形成于大约20亿年前。当时，一颗直径10千米的小行星击中了地球。尽管

科 学 最 前 沿 天文篇

其他地方还存在着更古老的撞击证据，比如南非和澳大利亚西部，但在那些地点，地质结构都没能经受住时间的蹂躏而留存下来。

对于肉眼来说，弗里德堡本身并不是一个明显的陨石坑。地质学家们估计，陨石坑的总直径为250～300千米，但环壁早已被侵蚀干净。保留下来最明显的结构是弗里德堡丘（Vredefort Dome），这是陨石坑的"反弹峰（rebound peak）"——也就是撞击之后，深层岩石从陨石坑中央抬升而起的位置。

按照哈特的说法，在撞击最激烈的时刻，空气会被电离，流动的电流产生了一个非常强大而混乱的磁场，这可能就是弗里德堡怪异磁性的成因。实验证明，撞击可以产生如此强的磁场。科学家已

小行星撞向地球。

14

经算出，一颗大小只有弗里德堡小行星1/10，即直径1,000米的小行星，就能在100千米以外，产生出一个比地磁场强1,000倍的磁场。

弗里德堡强烈但却杂乱的磁性，在航空勘测（aerial survey）中并不明显。分析表明，陨石坑上方的磁性异常微弱，就像一个在普遍存在的磁场中挖出的空洞一样。从过高的位置上观察，地面上所有的磁力异常都会被抹平，完全消失不见。

这些结果也许不仅能够应用在地球的地质学上，而且，还可以用来研究火星。当火星环球勘测者飞行器

受激的岩石

　　在弗里德堡陨石坑中，异常强烈和杂乱的磁场只出现在"受激"的岩石之中——也就是那些经受过强烈挤压，但却没有熔化的岩石。南非艾塞姆巴加速器基础科学实验室的罗杰·哈特，与法国巴黎地球物理研究所（Paris Earth Physics Institute）的同事们共同指出，这些出现在薄岩层中的受激岩石会迅速冷却，从而将撞击时刻产生的剧烈和杂乱的磁场模式锁定下来。相反，那些非受激的岩石会熔化，并且形成较大的熔岩池，需要好几天才能冷却下来，它们只能保存较弱的、更为规则的地球天然磁性。

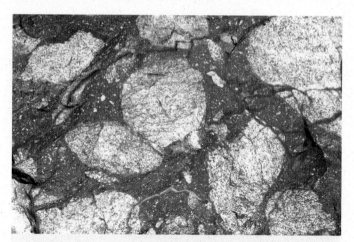

弗里德堡陨石坑中强烈而杂乱的磁性，就出现在与图片中褐色花岗岩巨砾类似的岩石之中。深色的岩石是假玻璃熔岩（pseudotachylite），由熔化的花岗岩形成。

（Mars Global Surveyor）从轨道上测量的时候，巨大的火星盆地Hellas和Argyre几乎没有显现出磁性。传统的解释是这样的：大约40亿年前，当这些陨石坑形成的时候，撞击使此前存在于岩石中的磁性消失了。因此，这些盆地形成时，火星上必定不存在磁场，否则，盆地中的岩石冷却时，这样的磁场就应该保留在岩石的磁性中。火星现在确实没有磁场，但在很久以前，它是存在磁场的。因此，这种标准解释暗示，火星在很早之前就丧失了自己的磁场。

不过，哈特指出，如果Hellas和Argyre盆地拥有与弗里德堡陨石坑相同的性质，人们就无法得出关于它们形成时期火星磁场的任何结论——当时的火星磁场说不定还在增强呢。但是，火星环球勘探者计划的一位主要研究员马里奥·阿库尼亚（Mario Acuna）指出，从那些大小与弗里德堡相当的较小火星陨石坑中取得的数据，并不支持哈特的想法。

对于地球，哈特已经提出了一个高分辨率的弗里德堡磁场勘测计划，利用直升机，从低到足以看到磁场变化的高度进行勘查。这将取得一张完整的磁场图，并为这个陨石坑的奇怪现象理出一些头绪。

葬身"日"腹

◇ 撰文：戴维·阿佩尔（David Appell）
◇ 翻译：谢懿

INTRODUCTION

　　无论地球躲过了多少天外来客的侵扰，几十亿年后，地球都会面对这样的命运——被膨胀成红巨星的太阳"烤干"，甚至被太阳"吞噬"，葬身"日"腹。那么地球是否有可能逃脱这一宿命？地球上的人类又能否幸免于难呢？更多的研究将带给我们答案。

　　未来是光明的——但也许太"亮"了。太阳正在缓慢地膨胀变亮，几十亿年之后它会烤干地球，最终留下一片炽热而无法居住的焦土。大约76亿年后，太阳的体积将膨胀到最大，成为一颗红巨星。它的半径将比地球目前的公转轨道半径还大20%，亮度也会增加到目前的3,000倍。到演化的最后阶段，太阳会坍缩成一颗白矮星。

　　尽管科学家对太阳的未来都没有异议，但对地球的命运却莫衷一是。从1924年英国数学家詹姆斯·金斯（James Jeans）首次研究太阳红巨星阶段的地球命运以来，科学家得出了各种各样的结论。一些研究表明，地球可以逃脱被"蒸

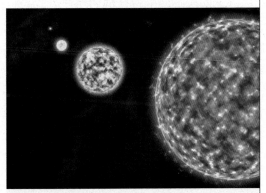

太阳膨胀为红巨星的过程。

发"的厄运。但是最近的研究显示，地球无法逃脱这一"宿命"。

太阳的半径肯定会膨胀超过地球轨道半径（即1天文单位），但地球会不会被太阳吞噬，这个问题还不能直截了当地作出回答，因为膨胀的同时，太阳也会流失物质（当太阳的半径膨胀到最大值，即1.2天文单位时，它会比现在损失大约1/3的质量）。由于引力逐渐变小，地球的轨道就会逐渐向外扩张。如此一来，地球便可能逃脱被太阳吞噬的"厄运"。

但是其他因素使这个过程变得更加复杂。太阳最外层物质对地球运动的阻碍，会把地球向内"拉"。其他行星的微弱引力也会作用于太阳，但它们的影响很难计算准确。

2008年年初，两个研究小组指出，几种计算方法都表明地球最终会被太阳吞噬。意大利国家核物理研究所（Italy's National Institute of Nuclear Physics）的洛伦佐·约里奥（Lorenzo Iorio）在计算中使用了摄动方法，这是大学低年级本科生在经典力学课程中便已熟知的方法。通过舍弃一些相对较小的物理量来简化计算，使描述日地间相互作用的复杂运动方程变得更容易处理。现阶段，太阳每年质量损失约占总质量的百万亿分之一。约里奥假设，太阳演化成红巨星的过程中质量损失始终维持在现有水平，他的计算表明地球会以每年大约3毫米的速度向外移动。换句话说，在太阳进入红巨星阶段前，地球会向外迁移0.0002天文单位。但是一旦进入红巨星阶段，太阳会在短短100万年内迅速膨胀，半径达到1.2天文单位，因此还是会吞噬地球。

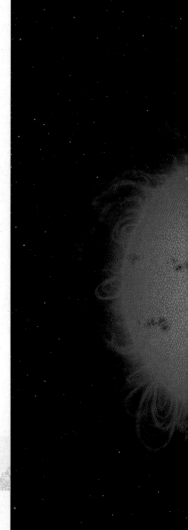

几十亿年后地球是否会被膨胀成红巨星的太阳吞没，科学家就此问题争论不休。

红巨星

　　在光谱分类中，一般把光度级为 III 的恒星称为巨星，而光谱为 K 型或更晚型的巨星，因发出的光偏红而被称为红巨星。按现代恒星演化理论，红巨星是大多数恒星都要经历的阶段，处于恒星的中晚年期。在这一阶段，恒星中心区的氢燃烧完毕使得辐射能量不足，导致中心区的氦核在引力作用下收缩，同时氦核外围的氢燃烧，产生的能量使恒星外层剧烈膨胀，最终成为具有较大光度、较大体积、较低表面温度的红巨星。

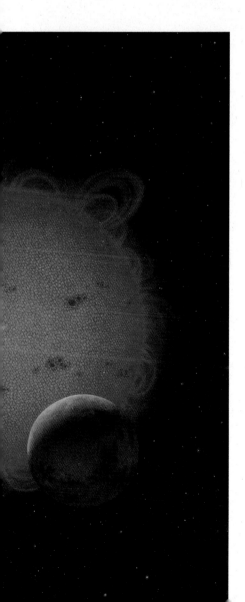

　　约里奥把这篇论文投稿给《天体物理和空间科学》（*Astrophysics and Space Science*）杂志，目前正在接受同行评议。一些科学家质疑约里奥的假设，即太阳演化过程中质量损失能否始终保持这么小。

　　不过即使约里奥采用的数据有误，他的结论也可能是对的。在2008年5月出版的《皇家天文学会月刊》（*Monthly Notices of the Royal Astronomical Society*）上，墨西哥瓜纳华托大学（University of Guanajuato）的克劳斯－彼得·施勒德（Klaus-Peter Schröder）和英国苏塞克斯大学（University of Sussex）的罗伯特·史密斯（Robert Smith）使用更精确的太阳模型并且考虑了潮汐相互作用，也得出了相同的结论。当太阳损失质量并且膨胀的时候，由于角动量守恒，它的自转就会减慢。

地球能否逃过被太阳吞噬的"厄运"？

自转减速会使太阳表面形成潮汐隆起，而隆起部位所施加的额外引力会把地球往里"拽"。考虑到这种情况，他们发现现有轨道半径小于1.15天文单位的所有行星，最终都会葬身"日"腹。

到那个时候，假如地球上还有人存在，他们有办法幸免于难吗？美国加利福尼亚大学圣克鲁兹分校（University of California, Santa Cruz）的唐科里钱斯基（Don Korycansky）及其同事，提出了一项大胆的天文学工程：让一颗大型小行星周期性靠近地球，它对地球的引力作用可以用10亿年时间，把地球向外拖到靠近火星轨道的安全地带。但是我们的月亮可能不得不被舍弃，而且稍有差池都意味着灭顶之灾。显然无需多言，多多研究才是正道。

白矮星

　　白矮星是由简并电子的压力抗衡引力而维持平衡状态的致密星。因早期发现的大多呈白色且光度小、体积小而得名。它的质量很大，温度和密度极高。现代恒星演化理论认为白矮星是中低质量恒星在失去了恒星外层物质、耗尽其中心区域的核燃料之后发生坍缩形成的。一颗膨胀为红巨星的中低质量恒星，它的下个阶段就是白矮星。

话题二

我们能否借月球避难？

月球是地球的天然卫星，它围绕着地球旋转，是距离地球最近的、也是除地球以外人类登上的第一个天体。人们自认为对月球研究得最彻底，但是我们真的了解月球吗？如果逃离地球，月球是否可以作为我们的第二家园？让我们来看看月球不为人知的另一面。

月亮的胖脸蛋

撰文：蔡宙（Charles Q.Choi）
翻译：王靓

I NTRODUCTION

在背对地球的一面，月亮的赤道地区微微隆起，看起来像是长了胖脸蛋，这让人们困惑不已。一些研究人员认为，如果曾经的月亮运行在离地球更近的轨道上，那么这个问题就迎刃而解了。

月亮背朝地球的那面，赤道地区稍微隆起，研究人员长久以来对此感到困惑。科学家们猜测，这种隆起是在月亮早期覆盖月面的岩浆海洋凝固时，由于重力和月球自转造成的。但是这种假设与月球的早期轨道理论并不完全相符。现在，美国麻省理工学院（Massachusetts Institute of Technology）的研究人员认为，如果在月亮形成后的1亿～2亿年间，它的轨道到地球的距离只有现在的一半，并且更接近椭圆的话，他们就能解释隆起现象的成因。这条轨道类似现在的水星轨道，每公转两圈就自转三圈。这样就能有效促使隆起的形状"冻结"在目前的位置上。

这一发现同时也表明，有一段时期，月亮只需要18个小时就能完成一次圆缺变化，地球上每天有4次潮起潮落，并且潮汐强度是现在的10倍。这项发现公布在2006年8月4日的《科学》（Science）杂志上。

我们能否移民月球?

撰文：马克·阿尔珀特（Mark Alpert）
翻译：张旭

I NTRODUCTION

月球虽然是最靠近地球的天体，但我们对它的了解还很少，不过这并不能阻止人们移民月球的愿望。实际上，美国国家航空航天局已经确定了在月球建立永久基地的目标。但是，这个计划的前提是月球上有水冰。因此，确定月球上是否有水冰就变得至关重要。

也许，未来的载人宇航探险将完全基于月球上的一片水冰。从2004年开始，美国国家航空航天局（NASA）就在着力设计一种全新的载人航天器和发射系统，希望能够在2018年之前，将宇航员重新送上月球。NASA的最终目标是建立永久性月球基地，并使用程控技术为人类登陆火星做准备。但是，这个重大的计划基于一个冒险的预言：NASA将在

月球两极某个处于永久阴影下的环形山盆地中发现水冰。

对移民月球者来说，大量的积冰是个福音——这意味着他们能够用水来维持生命，并将水转化为氢氧火箭燃料。20世纪90年代，"克莱芒蒂娜号"（Clementine，1994年

月球勘测轨道飞行器计划于2008年发射，实际已于2009年发射。其任务之一是探查位于月球两极的着陆点。

发射的环月轨道探测器）和"月球勘探者号"（Lunar Prospector）两颗人造卫星探测月球时，发现了在极地永久性阴影地区有水冰存在的证据。在那里，永久性低温使彗星和陨星撞击月球时得到的水分保存了下来。但是，一些科学家对"克莱芒蒂娜号"探测到的雷达波数据仍存疑问；而"月球勘探者号"观测到的反常中子辐射，有可能来自月球土壤中的氢原子，而不是水冰。

为了澄清这些问题，NASA制定了2008年发射月球勘测轨道飞行器（Lunar Reconnaissance Orbiter，LRO）的计划（探测器实际发射时间为2009年6月）。这个在距离月面仅仅50千米高的极地轨道飞行，造价4亿美元、重达1吨的探测器，使用高分辨率中子传感器来瞄准可疑水冰堆积物，可以更准确地确定它们的位置。LRO携带一个辐射计，用来测量月球表面温度；一个紫外线探测器，用来窥探阴影中的环形山盆地；一个激光测高计和照相机，用来绘制极区地图并侦察可能的着陆点。

但是，因为水冰可能藏于月面之下，并且混入月球尘土，NASA需要在月球上着陆一个能够挖掘和分析土壤样品的探测器。但在阴影区内无法利用太阳能运转仪器，是这个计划面临的一个挑战。飞船可能会降落在一个有阳光的地点，然后发射一辆以电池为动力的探测车进入黑暗的环形山，不过电池将很快耗尽。一台放射性同位素热发电机可以利用钚元素衰变的热量提供电力，但是，NASA倾向于否定这个选择，因为它非常昂贵，并容易引起争议。

另一个正在考虑的方法，是发射一个探测器。它能够通过重新启动着陆火箭，在月球表面跳跃，将船体提升到着陆点之上100米的高度，然后移动到环形山盆地内的另一处。它用这种方法来寻找水冰。勘查多个地点至关重要，因为水冰的分布可能并不均匀。不过，还有一个选择，从环形山边缘的登陆车或轨道飞行器，向阴影盆地内的几个区域发射土壤探测仪。

NASA策略的主要潜在危机，是探测器没有发现水冰，或者发现的冰源过于稀少而无法利用。小韦斯利·亨特里斯（Wesley T. Huntress, Jr.）是NASA前科学主管，现在负责领导美国卡内基学院的地球物理实验室（Carnegie Institution's Geophysical Laboratory）。他说："我有些担心他们计算的可利用水源过大。"如果从月球提取冰物质被证明不可行，那么，NASA可能不得不选择新的着陆地点和载人探索目标。不过，NASA相信，即使自动飞船没有发现水冰，它们也是有价值的。自动月球探索计划的领导人马克·博尔科夫斯基（Mark Borkowski）说："我们除了从这些实测中获得科学真知以外别无他法。"

探测者之跃

NASA已经完成了一个成功的跳转练习。1967年11月10日，无人驾驶的探测者6号月球探测器（Surveyor 6 Spacecraft）着陆在中央湾（Sinus Medii, Bay of the Center），拍摄了月球表面的电视图像，并且分析了月球土壤。一个星期之后，任务的指挥官们点燃飞船的低推进微调火箭（vernier rockets）2.5秒，练习从月球上动力起飞。探测器升至月球表面4米高，跳跃至2.4米外的新着陆点，然后放下支架，继续工作。

LCROSS成功撞月

◇ 撰文：谢懿

INTRODUCTION

　　月球上是否存在水冰一直是人们的关注焦点。为了得到这个问题的确切答案，我们锁定月球上最有希望找到水冰的地方——南极，让月球陨坑观测和遥感卫星的"半人马座"火箭去撞击。那么结果如何呢？

北京时间2009年10月9日19时31分，月球陨坑观测和遥感卫星（LCROSS）的"半人马座"火箭成功击中月球南极的卡比奥环形山。

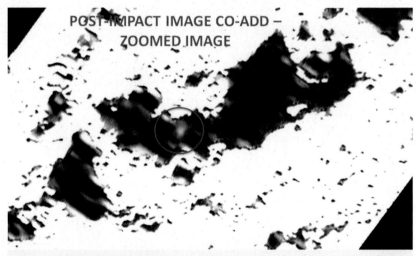

POST-IMPACT IMAGE CO-ADD – ZOOMED IMAGE

　　"半人马座"火箭撞击月面后大约15秒，"牧羊人"探测器观测到了直径6~8千米的柱状"烟尘"（红圈内）。

与先前撞击过月球的斯玛特-1月球探测器（Small Missions for Advanced Research and Technology，SMART-1）和"月亮女神"（Selenological and Engineering Explorer，SELENE）等探测器不同，那些探测器都是因为燃料耗尽，无法维持其绕月工作轨道而"被迫"以小角度撞上月球的。相比之下，LCROSS的此次撞击堪称是"主动出击、目标明确"——就是要撞击月球南极环形山中的永久阴影区来寻找水冰。这些永久阴影区的温度只有 - 240℃，可能储存着数十亿年前由彗星撞击带来的水冰。但阴影中是否真的存在水冰，一直存有争议。

LCROSS由两部分组成。一部分是"半人马座"火箭，它在撞击中作为先锋，以至少每秒2.4千米的速度大角度撞向卡比奥环形山。尾随在后的"牧羊人"探测器对撞击进行观测，并在几分钟后再次撞上月球。由于撞击点周边高达3千米的环形山壁的遮挡，地面上的观测者没有看到期望中的闪光。不过LCROSS官方宣布，"牧羊人"探测器已经收集了足够的数据，近期将公布结果，为月球南极永久阴影区中是否存在水冰下一个定论。

重返月球第一步

为了重返月球，美国国家航空航天局（NASA）制定了周密的勘测计划，希望在重返月球前探明月球表面可以利用的资源，尤其是水资源，以确定人类探月登陆点。

2009年6月18日，LRO、LCROSS搭乘"半人马座"火箭发射升空。数月后，沿不同路径飞向月球的两颗探测器再次相会。2009年10月9日，LCROSS在月球南极附近的一个永久黑暗区域撞击月球表面，而LRO在距月球表面50千米的轨道上，见证了这次撞击。通过分析撞击出的月球物质，可以获得大量宝贵的数据，用来寻找月球风化层中水和其他化学物质的痕迹。

在这次撞击中，LCROSS传回的数据显示，月球表面确实有水存在，尘封了数十亿年的秘密就此揭开。在此之后，2010年LRO带来了更加振奋人心的消息，月球南极的辽阔区域广泛分布着水冰，这对人类再次登陆月球十分有利。

月球砂砾

撰文：安·金（Ann Chin）
翻译：赵瑾

INTRODUCTION

猜得出这是什么图片吗？这是放大了300倍的月球砂砾照片，同时看这两幅图，你将看到立体砂砾。

研究人员正利用最新的成像技术，重新检测"阿波罗11号"带回来的月球样本。加里·格林伯格（Gary Greenberg）是美国夏威夷大学天文学研究所（University of Hawaii Institute for Astronomy）的兼职助理研究员。他所拍摄的这张月球砂砾（放大了300倍）照片，是一张三维立体图像（先将双眼稍微向内斜视，直至看到三个图像，然后聚焦于中央的图像）。该图像显示了微陨石（micrometeorite，直径小于1毫米的固体地外物质）冲击这颗砂砾时在中央形成的圆环。微陨石冲击所产生的巨大热量使得砂砾熔化，而当其迅速冷却时，就形成了这种类似玻璃的结构。格林伯格和同事希望，通过目前先进的成像技术，对这些月球砂砾进行更精密的检测，以帮助科学家进一步了解月球的演化过程。

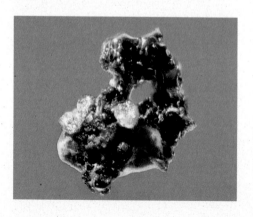
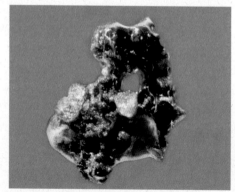

话题三

火星，太空移民下一站

对月球的探索仅仅是人类迈向太空的第一步。火星，这个和地球自转倾角、自转周期相近，两极有极冠的类地行星，被视为最有可能移民的星球。为了揭开火星的神秘面纱，多个火星探测器已经奔赴火星，向地球发送来自火星的信息。

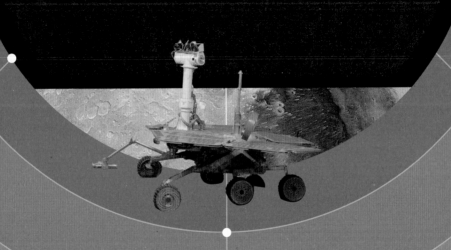

火星钻冰机的实战演习

撰文：克里斯蒂娜·里德（Christina Reed）

翻译：波特

INTRODUCTION

为了了解火星的气候变化，人们曾试图在火星的北极冰盖上打洞，以此来获取冰中记录的同位素丰度——这是获取火星气候变化的重要途径。格陵兰的北极冰原就是测试钻冰机的实验场。只要通过测试，钻冰机就有可能被送到火星去打洞。

格陵兰顶峰营地（Summit Camp，Greenland）。一台热钻冰机的内部零件散乱地堆在桌上，一些还散落在圆顶式五人帐篷的木制地板上。5名来自美国喷气推进实验室（Jet Propulsion Laboratory，位于加利福尼亚的帕萨迪纳）的行星科学家灌了一肚子咖啡，正在更新这台长122厘米、宽7.6厘米的设备，不停地为它加装第一次野外试验所需的软件、固件（firmware）和硬件。帐篷的地板上切开了一个正方形的洞口，显露出将在这次野外试验中充当火星物质的冰层。

同位素丰度

同位素丰度通常用百分数表示，它是指元素的某种同位素在该元素的同位素混合物中所占的比例。

火星通行证：这台名叫克罗诺斯的钻冰机，在一个被加热到宜人温度的帐篷中运转（左图）。它向下融出50米长的通道。蓝色发光二极管照亮了钻孔（右图）。如果被美国国家航空航天局选中，它将飞往火星，去钻探火星北极的冰盖。

此次任务的目标是操纵这台名叫克罗诺斯（Chronos）的设备，向下融化出一条深入地球北极冰原内部的通道，以此检验这台设备是否能被美国国家航空航天局（NASA）的火星探测任务选中。如果通过测试，克里诺斯就会把洞打到火星的北极冰盖上去。该设备的首席工程师格雷格·卡德尔（Greg Cardell）解释说："冰可能是我们获取火星气候记录的唯一途径。如果火星上真的存在气候记录，那它一定会以同位素丰度变化的形式，保存在那些冰盖之中。"

峰顶营地的海拔高度达到3,500米，坐落在由至少10万年降雪堆积起来的厚厚冰原之上，为测试钻冰机提供了理想的场所。研究团队希望钻入冰下100米深处，抵达大约200年前的降雪层。火星上的钻探目标则是30～70米。由于火星上大气稀薄而干燥，火星上的冰积累的速度极其缓慢，因此即使只钻探30米，也可以追溯数千年来火星的气

质谱仪

质谱仪是将带电荷的颗粒按照荷质比分离从而检测物质的质量和含量的仪器。可用来分析样品的元素成分、测定粒子和分子质量及确定分子的化学结构等。

候变迁。

克里诺斯会把能量通过绳索向下传递，给一个平坦的前端盘加热，这是钻冰机唯一与冰接触的地方。第一台水泵把融化的雪水从钻孔中抽到钻冰机里，第二台水泵通过绳索把融水送到地面，以供分析研究。这样做保证了钻孔的干燥，防止钻孔结冰冻住钻冰机。钻冰机的侧面还装备了蓝色发光二极管和一台小型照相机，照亮并记录沿途的冰层。

2006年7月19日凌晨1时30分，克里诺斯开始以每分钟1厘米的速度融化冰层。但是人们很快就发现，这个火星钻冰机需要克服一些地球环境带来的障碍。野外帐篷通常被加热到人体舒适的温度，即使关闭供暖器，帐篷里还是过于温暖了。在火星上，钻冰机将遭遇到 $-110℃$ 的低温环境。而在顶峰营地，气温却高达 $-15℃$，冰的温度则是 $-30℃$。为了补偿温度差，任务主管迈尔斯·史密斯（Miles Smith）和工程师克劳斯·莫根森（Claus Mogensen）编写了温度控制程序，可以远程开启或关闭钻冰机加热器，以消除过热环境的影响。史密斯指出："如果在火星上遭遇这个问题，我们也可以通过完全相同的方式，给软件打上补丁，在地球上解决问题。"

但是，格陵兰冰原还拥有另一个地球上特有的性质：在冰原的表面，气泡产生了一层厚达70米的、多孔渗水的冰，叫做粒雪（firn）。除非水沿着绳索流到地面，不然实验小组根本无法判断融化的雪水到底渗入了粒雪层中，还是积聚在了钻冰机的周围。如果出现后一种情况，融水结冰就会把钻孔封死。工程师鲍勃·科瓦尔奇克（Bob Kowalczyk）在钻冰机的外部添加了一个温度警报装置，如果钻孔温度升高到0℃以上，警报装置就会提醒研究者。尽管如此，直到水终于流出地面时，实验小组成员的心才算落地，帐篷中一片欢腾。

这个时候，莫根森启动了激光照明分析器，蒸发流出地面的融水，分析氧和氢同位素比例的变化。他介绍说："过去要占用整个实验室才能完成的质谱仪检测工作，现在在桌面上就可以完成了。"

克里诺斯向下钻探了将近50米。"一切都十分完美，"卡德尔评论说。就在前一天，钻冰机遇到了一层厚厚的火山灰，堵塞了过滤器，当时他下令终止了钻探任务。史密斯解释说："我们并没有想到会有粗糙的颗粒物质，只考虑了细小的颗粒。这给我们上了很好的一课——我们必须对意料之外的事件有所准备。"他还慨叹道："如果克里诺斯在火星上遇到了一样厚的火山灰层，那将是头条新闻。当然，克里诺斯从火星上发回给我们的任何信息都将是头条新闻。"

火星上的液体水流

撰文：明克尔（JR Minkel）
翻译：张博

INTRODUCTION

火星上存在水，这已经是公认的事实。但是有没有液态水呢？火星环球勘测者飞行器给出了答案：火星上有液态水存在。

1999~2006年在火星沟渠中形成的沉积物说明，今天的火星上仍有液态水存在。火星环球勘测者飞行器（**Mars Global Surveyor**）拍摄于2005年的一张照片显示，某环形山侧壁上有一条向山下延伸的印痕，而在4年前拍摄的同一环形山的照片中，这条印痕并不存在。后来对沉积物的观察表明，尽管太阳光的照射角度不同，但浅色物质仍然存在，

火星环球勘测者飞行器

火星环球勘测者飞行器是美国国家航空航天局（NASA）1996年发射的火星探测卫星。执行任务期间，它探测了火星的地层、地表特征，并拍摄到珍贵影像，从这些影像上能够看出火星上存在液态水的地理特征。2007年，NASA正式宣布其结束任务。

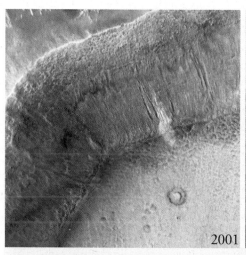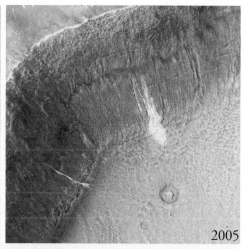

2001　　　　　　　　　2005

　　现已失踪的火星环球勘探者飞行器相隔4年拍摄的火星环形山中，出现了新的沟渠。

说明这并不是光线阴影造成的错觉，或者干旱侵蚀的结果。与此类似，2004年2月拍摄的另一个环形山的照片上，出现了另一条正在形成的印痕，并且在随后拍摄的照片中不断增长，这些结果公布在2006年12月8日的《科学》（*Science*）杂志上。2006年11月，工作了将近10年的火星环球勘测者飞行器与NASA失去了联系，再寻找类似的沉积物恐怕会十分困难。

火星上的巨大洞穴

撰文：蔡宙（Charles Q. Choi）
翻译：刘旸

INTRODUCTION

火星探测器曾给火星拍过形形色色的照片，这些火星"写真"爆料了好多火星秘密。这次新拍回的照片显示火星表面很可能存在巨大的洞穴。这些洞穴里有什么？水？生命？现在还不得而知。

火星表面很可能存在巨大的洞穴，总面积可达7万平方米。美国国家航空航天局（NASA）的火星奥德赛轨道探测器（Mars Odyssey orbiter）拍回的照片显示，火星上巨大的阿尔西亚火山（Arsia Mons）附近存在一些黑点。这些黑点没有放射状的外形和隆起的边缘，因而看起来不像是冲击形成的环形山。

美国北亚利桑那大学（Northern Arizona University）的科学家们说，这些可能的洞穴直径介于 100～250米之间，深约130米。科学家们用他们爱人的名字，将这些洞穴分别命名为德娜（Dena）、克洛艾（Chloe）、温迪（Wendy）、安妮（Annie）、阿比（Abbey）、尼基（Nikki）和珍妮（Jeanne）。这些洞穴能够屏蔽火星表面的辐射，因而最有可能成

从这幅根据照片创作的艺术画中可以看到，火星表面的环形山给地下的洞穴开了"天窗"。

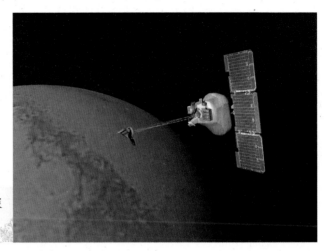

火星奥德赛轨道探测器。

为生命的庇护所。另外，洞穴中还可能积存着水冰（由水或融水在低温下固结成的冰），为未来的载人探测提供可能的水源。NASA的"环火星巡逻者"（Mars Reconnaissance Orbiter，MRO）可以从倾斜的角度对这些可能的洞穴进行观察，以证实它们是否像科学家推测的那样，存在广阔的地下空腔。

来自地球的火星卫星

想知道飞往火星生活能否实现，探路先锋向我们发来的火星资料必不可少。为了对火星进行详细考察，目前人类已从地球向火星发射多个人造卫星，火星奥德赛轨道探测器和"环火星巡逻者"就是其中的两个。

火星奥德赛轨道探测器是环绕火星飞行的轨道探测器。它于2001年从地球飞向火星，2002年2月开始科学任务：绘制火星地形图、寻找火星上水的痕迹和火山活动的迹象并协助其他火星探测器工作，比如担任火星探测车的"勇气号"（Spirit）和"机遇号"（Opportunity Mars Exploration Rover）等，以及和地球通信的中继卫星。至今它仍在工作，在地球和"好奇号"（Curiosity Rover）之间传送信号。

"环火星巡逻者"于2005年发射，2006年进入火星轨道开始科学观测计划。它飞往火星的主要目的是确认火星上是否存在水，并收集火星大气与地形特征。可喜的是，它已于2009年证实火星上确实存在水冰，完成了既定目标。现在它仍在向地球发送来自火星的消息。

湿润的火星有点 "酸"

◆ 撰文：萨拉·辛普森（Sarah Simpson）
◆ 翻译：刘鑫华

INTRODUCTION

如今的火星一片荒凉，红色的表面砂石裸露，死寂一片。但谁能想到，在十亿年前甚至更早之前，火星却是一个湿润的星球。那时候温室气体包裹着火星，由此产生的温室效应造就了火星潮湿的环境。科学家们猜想，除了二氧化碳，二氧化硫也曾"现身"火星大气，为温室效应推波助澜。

在火星上，潮湿环境留下的痕迹比比皆是：冲刷形成的深河谷、辽阔的三角洲，还有广泛分布的海洋蒸发残迹。这些线索让许多专家深信，在十亿年甚至更早之前，这颗红色星球的大部分地区曾经被液态水覆盖。不过，科学家的大部分努力都是为了解释，曾经产生过宜人环境的火星气候为何会变得如此干燥。今天的火星寒冷而干燥，如果过去真的存在湿润气候，火星就必须拥有一个能够有效产生温室效应的大气来维持这一气候。火山喷发可能会形成厚厚一层二氧化碳吸热层，把年轻的火星紧紧包裹起来，但是火星气候变化模型一次又一次表明，仅凭二氧化碳的升温作用，还不足以让火星表面的温度维持在冰点以上。

今天的火星土壤中普遍含有硫化物，受到这一惊人发现的启迪，科学家们开始猜想，过去的火星大气中除了二氧化碳，也许还存在另外一种温室气体——二氧化硫。

与二氧化碳类似，二氧化硫也是火山喷发时经常释放的一种气体，而在火星仍然年轻的时候，火山喷发非常频繁。哈佛大学（Harvard University）的地球化学家丹尼尔·施拉格（Daniel P. Schrag）解释说，早期的火星大气中，只要存在万分之一甚至十万分之一的二氧化硫，就可以为温室效应助一臂之力，让这颗红色行星保持湿润。

被火星漫游车的车轮翻起的土壤中存在含硫矿物（白色），它们只能在有水的环境中形成。

这样的浓度听起来似乎不高，但是对于许多气体来讲，即使要在大气中维持很低的浓度也非常困难。在地球上，二氧化硫只要进入大气，几乎立刻就会和氧气结合形成硫酸盐，不能造成显著的长期增暖效应。不过，早期火星大气中可能根本没有氧气，因此二氧化硫在大气中停留的时间应该要长得多。

施拉格说："如果把大气中的氧气全部拿走，这将是个影响深远的变化，整个大气的运转都会有明显的不同。"按照施拉格及其同事的说法，这种差异还暗示，二氧化硫在火星水循环中扮演着重要角色——因此也就解决了火星上的另一道气候难题：石灰岩等碳酸岩的缺乏。

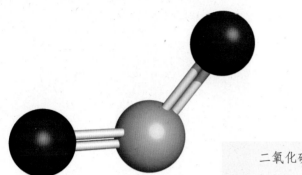

二氧化硫的结构式。

　　施拉格领导的课题组认为，在早期的火星上，大部分二氧化硫都会和大气中的水滴结合，以硫酸雨的形式落到火星表面，而不像地球上那样直接转化为硫酸盐。酸雨应该会抑制火星上石灰岩和其他碳酸岩的形成。

　　在地球上，富含二氧化碳的潮湿大气会自然形成碳酸岩，因此研究人员曾经推测，火星上也应该到处都有碳酸岩。在数百万年的时间里，这种岩石形成过程会把早期火山喷出的绝大部分二氧化碳禁锢起来，阻碍了二氧化碳在大气中的积累。二氧化硫可以抑制早期火星上的这种二氧化碳禁锢过程，迫使更多二氧化碳逗留在大气之中——施拉格指出，这是二氧化硫增强温室效应的另一种方法。

　　一些科学家怀疑，二氧化硫是不是真的能够胜任改变气候的重任。美国宾夕法尼亚州立大学（The Pennsylvania State University）的大气化学家詹姆斯·卡斯廷（James F. Kasting）指出，就算大气中没有氧气，二氧化硫也极不稳定，阳光中的紫外线辐射就能轻易分解二氧化硫分子。地球早期气候经常被用来与火星早期进行比较，在卡斯廷为地球早期气候建立的计算机模型中，阳光分解二氧化硫的过程使这种气体的浓度只能达到施拉格及其同事描述量的千分之一。卡斯廷说："也许某些方法可以让他们的想法具有可行性，但必须先建立一个详尽的气候模型，才能说服我和其他持怀疑态度的人相信他们的观点。"

　　施拉格承认具体细节还不清楚，但他引用了其他研究人员的估算结果——早期火星上的火山可能喷发了足够的二氧化硫，从而抵消了它们的光化分解。更早的研究也表明，浓厚的二氧化碳大气能够有效散射大部分破坏性的紫外线辐射——这是早期火星上二氧化碳和二氧化硫之间相互助益的又一个明显例证。

　　卡斯廷认为二氧化硫对气候的反馈作用，不能让早期火星和地球一样温暖。不过他也承认，二氧化硫的浓度有可能达到某种程度，足以使火星的部分表面解冻，甚至产生降水，冲刷出河谷。

　　施拉格没有反驳这种观点。他认为："早期火星上到底是覆盖着一大片海洋，还是散布着一些湖泊，甚至仅仅存在少量池塘，对我们的假设都不会有什么影响。温暖并不意味着要像亚马孙河流域那样湿热，只要像冰岛一样'温暖'，就足以在火星上形成那些河谷了。"就二氧化硫的量而言，只要一丁点儿就行了。

寻找亚硫酸盐

　　如果二氧化硫使早期火星保持温暖，就像这个新假说所猜测的那样，一种被称为亚硫酸盐（sulfite）的矿物，就会在长期存在地表水的地方形成。目前，火星上还没有发现亚硫酸盐，也许这是因为没有人去寻找它们。被命名为火星科学实验室（Mars Science Laboratory，现名"好奇号"）的火星漫游车，将配备精良的装备来搜寻这种矿物。这辆漫游车是第一个携带X射线衍射仪（X-ray diffractometer）着陆火星的探测器。这台设备可以扫描并辨认漫游车遇到的任何矿物的晶体结构。

火星生命仍可能存在

撰文：明克尔（JR Minkel）
翻译：刘旸

I NTRODUCTION

"凤凰号"火星着陆探测器不但证明了火星上有水存在，还发现了火星土壤中有四氧化氯。它是一种可以为某些微生物提供能源的物质。这虽然不能证实火星上有生命，但也足够引人遐想了。

2008年8月，美国国家航空航天局（NASA）的研究人员宣布，"凤凰号"（Phoenix）火星着陆探测器在火星土壤中发现了四氧化氯和水冰存在的证据。四氧化氯是一种非常活跃的化学物质，在类似智利阿塔卡马沙漠（Atacama Desert）之类的干旱地区可以自然形成。"凤凰号"上的常规化学分

"凤凰号"火星着陆探测器

2007年，"凤凰号"火星着陆探测器肩负着考察火星北极地区的重任飞向了火星，并于2008年开始探测火星极地环境。几个月之后，"凤凰号"确认了火星上有水存在。2008年年底"凤凰号"与地球失去了联系。

这条沟中挖出的火星土壤里检测出了四氧化氯，这是某些微生物的食物。

析实验室在分析两份土壤样本时，都检测到了这种物质。四氧化氯对胎儿有害，却可以为某些微生物提供能源。不过，NASA的科学家表示，这项发现本身并不说明火星上是否存在生命。"凤凰号"上的气体分析仪也从土块中检测到了蒸发出来的水，证明土中有水冰。这项结果证实了2002年火星奥德赛轨道探测器（Mars Odyssey orbiter）的观测结果，即冰以氢原子的形式存在于火星两极的地表之下。

火星上的坑谷和山丘。

火星曾经沧海

撰文：约翰·马特森（John Matson）

翻译：王栋

INTRODUCTION

也许火星北半球曾经被海洋覆盖？这个想法不是天方夜谭，已经有越来越多的证据来支持它了。雷达探测器"听到了"来自火星表面的回波，结果表明火星北部表面存在含冰的沉积物，这为火星曾有海洋的说法提供了支持。

长期以来，在许多行星科学家眼里，火星北半球的表面不管怎么看，都像是曾经覆盖着海洋。而现在，连"听起来"也像是这样了。

一部装备有探地雷达的欧洲太空探测器，确定了火星北极地区疑似沉积物的成分，该雷达可以发射并接收从火星表面反射回来的电磁波，从而研究火星表面的构成。根据2012年

1月发表于《地理学研究快报》（*Geophysical Research Letters*）的一项研究，这些或许还包含着冰的沉积物表明，在大约30亿年以前，那里曾经是一片浅海。

这项最新研究分析了欧洲空间局（European Space Agency，ESA）"火星快车"（Mars Express）轨道探测器携带的MARSIS雷达获得的一系列探测结果。从2003年起，该探测器就一直在环绕火星的轨道上工作。"我们为整个星球绘制了表面反射波强度图。"该研究的主要参与者、美国加利福尼亚大学欧文分校（University of California, Irvine）的地球物理学家热雷米·米格诺特（Jérémie Mouginot）说。瓦斯蒂塔斯－伯勒里斯（Vastitas Borealis）平原构造区是火星北极附近一个地质沉淀区，很久以来，科学家一直怀疑这里最初是一个沉积平原。MARSIS雷达的探测结果表明，该区域的雷达反射率很低——如果是由火山活动形成的话，反射率应该会高些。

数年前，美国国家航空航天局（NASA）的"环火星巡逻者"（Mars Reconnaissance Orbiter）也用探测雷达探测过这个地区，得到的结果也与米格诺特的上述解释相吻合。这部探测器的SHARAD雷达得到的结果说明，瓦斯蒂塔斯－伯勒里斯平原构造区实际上是由一层沉积层覆盖着的火成平原。

根据"火星快车"确定的沉积层面积来估算，海洋曾经覆盖了火星北部平原的广大区域，虽然持续的时间不是很长。大约30亿年以

现在的火星表面。根据"火星快车"收集到的信息，火星表面曾经存在过海洋。

前，火星上应该有足够强烈的地热活动使地下水保持液态，形成并维持一片浅浅的海洋，或许有100米深。米格诺特还补充说，在那之前，更古老的海洋或许也曾存在过。"我认为这次所发现的应该是一种覆盖了北部平原的、类似于洪水泛滥的短期事件。"米格诺特说。但是，以地质学的时间尺度来看，当时的环境对于长期维持这样一个大型水体来说太过寒冷、太过干燥了。在差不多一百万年之内，这片海洋就再次被冰冻起来并埋于地表以下，或者变成水汽而消失不见了。

对长久以来存在的，认为火星北极地区曾经有过辽阔海洋的理论来说，新的雷达探测数据只是为其提供了支持，仍然算不上铁证。"海洋假说要经过证明而成为一个科学理论，仍需时日。因为今天，它可以说已经被埋在地

沉积平原

沉积平原是在沉积作用下形成的平原。沉积作用是某些物质被运动介质搬运到适宜场所后，发生沉淀、堆积的过程，风力、水力和冰川的运动均可能成为运动介质。

火成平原

　　火成平原是在火成作用下形成的平原。火成作用包活岩浆侵入地壳上部，冷却、结晶的过程，以及岩浆冷却过程中水蒸气液化为热水溶液的过程。火成作用可产生多种矿物质。

下（而消失了）。"美国夏威夷大学马诺分校天文学院（Institute for Astronomy at the University of Hawaii at Manoa）的行星科学家诺伯特·舍尔格霍夫（Norbert Schörghofer）说。并且，人们总是想知道，对于这些雷达反射波数据是否还有其他解释。因为相对来说，雷达探测的针对性并不强，得到的结果中有些数据也可能来自其他探测目标。但不管怎样，舍尔格霍夫表示，"这是火星曾有海洋的又一个证据，我开始相信它了。"

火星的地下冰川

撰文 约翰·马特森（John Matson）
翻译 刘旸

　　早在2009年，"环火星巡逻者"上的探地雷达就显示，在火星地表岩屑的薄层下，隐藏着大量冰川。测量地点在火星南纬30～60度之间，目前该地区的情况并不利于冰的形成，因此冰川可能是在气候不同于今日的久远年代形成的。岩屑的覆盖保护了冰层，以免它们升华为水蒸气而消散。这些冰川可能是火星上除极地外最大的水储备。

"勇气号" 虽困犹荣

撰文：约翰·马特森（John Matson）
翻译：庞玮

INTRODUCTION

探索时间一再延长的火星探索者——"勇气号"，曾出色地完成了火星考察任务。然而在一团软土中，不知疲倦的"勇气号"被困住了脚步，中止了它的火星漫游。它的最终命运将会怎样呢？

轮子坏了：图中所示的是"勇气号"2004年在火星上采集样本的情景。当时的情况比现在好得多，"勇气号"在火星上漫游，对不同区域进行了探索。

2010年1月，"勇气号"（Spirit）火星漫游车度过了它登陆火星的6周年纪念日，不过它现在已经无法再"漫游"了。1月26日，美国国家航空航天局（NASA）在电视新闻发布会上宣布，陷入一团软土受困达数月之久的"勇气号"将被转为一个"固定式研究平台"。

NASA火星探测计划主管道格·麦奎斯申（Doug McCuistion）将"勇气号"陷入的困境比作"高尔夫球

手的最大噩梦——球陷入沙坑障碍中，无论怎样挥杆都无法将球击出"。

"勇气号"原本有6个轮子，4年前坏了一个，这次在与名为"特洛伊"（Troy）的软土区抗争的过程中又牺牲了一个。约翰·卡拉斯（John Callas）说，由于只有4个轮子可以运转，解救过程一直停滞不前。他在美国加利福尼亚帕萨迪纳NASA喷气推进实验室（Jet Propulsion Laboratory）工作，是"勇气号"及其"孪生兄弟""机遇号"（Opportunity Mars Exploration Rover）探测任务的项目主管（"机遇号"在火星另外一侧着陆，至今仍在披荆斩棘，继续前进）。

"勇气号"目前面临的最直接挑战，莫过于如何度过漫长而寒冷的火星冬季。它眼下的位置和朝向对过冬来说并不理想，无法最大化地采集太阳能。要是没有足够的能量给各部件保温，"勇气号"或许会遭受电子器件失灵的重创。卡拉斯估计，届时温度会低于零下40℃，已经逼近漫游车技术规格所能承受的温度下限。

漫游车项目首席科学家、美国康奈尔大学（Cornell University）的史蒂夫·斯奎尔斯（Steve Squyres）表示，希望"'勇气号'能度过即将到来的寒冷黑暗的冬天"。如果它能支撑下来，也许春天会带来一丝暖意，让"勇气号"继续在火星上进行科学探索。

双胞胎火星车——"勇气号"与"机遇号"

"勇气号"与"机遇号"是一对双胞胎火星车。作为孪生兄弟，它们有着相同的外形：六个轮子用来在火星复杂的地理环境中爬行；头顶的全景照相机和身前的显微照相机用来拍摄火星表面及火星样品照片；两只长臂可进行实验操作。2002年底，美国国家航空航天局（NASA）发起了为这两辆火星车征名的活动，一个九岁女孩的提议——"勇气（Spirit）"和"机遇（Opportunity）"从近万套方案中脱颖而出。

2003年"勇气号"和"机遇号"相继离开地球。2004年1月"勇气号"到达火星，三周后"机遇号"也在火星安全着陆。它们的登陆地点不同，却肩负着相同的使命：在火星表面寻找水的痕迹。

"勇气号"在火星探测的成果有助于NASA证明火星上曾经有水存在。2011年3月，NASA最后一次联络上"勇气号"，在这之后，NASA多次尝试与它联络未果，最终于2011年5月决定结束"勇气号"的任务。

在探索火星的道路上"机遇号"比"勇气号"走得更远。截至2013年8月，它仍兢兢业业地工作着，这大大超过了原本预计三个月的工作寿命，时间长度已经刷新了NASA地外无人探测车的移动记录。在"奔跑"在火星的第十个年头，它在黏土矿物中发现了火星曾经存在中性水的重要证据。

空投火星漫游车

撰文：乔治·马瑟（George Musser）
翻译：陈蕊

INTRODUCTION

　　"好奇号"火星探测器，原名火星科学实验室，个头足有一辆迷你库珀车那么大，是人类有史以来最庞大、最复杂的火星探测器。因"体重超标"，美国国家航空航天局只好用一种前所未有的方案——使用"空中起重机"，让这个庞然大物安全着陆。这个听起来有些异想天开的方案，如今已经成功实现了。

汽车广告商总是把他们的汽车放在最不可能出现的地方，比如悬崖边上、岩柱顶端或沙漠中心。但是与美国国家航空航天局（NASA）的计划相比，上面的所有创意都不值一提。NASA计划在2010年，将一辆迷你库珀车（mini cooper，德国宝马公司出产的一种小型家用车，在欧美相当流行）放到火星上去。更准确地

高超音速飞机

　　高超音速指超过音速的5倍以上的飞行速度。高超音速飞行器主要有高超音速巡航导弹、高超音速飞机以及空天飞机三类，其中空天飞机是一种新型航天器，它以高超音速加速至地球轨道后成为航天飞行器，但其起飞和降落的方式与普通飞机一样。

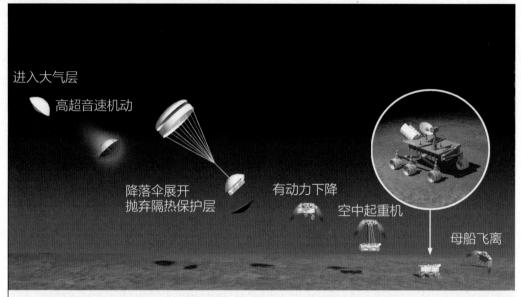

进入大气层

高超音速机动

降落伞展开
抛弃隔热保护层

有动力下降

空中起重机

母船飞离

火星科学实验室的新颖着陆过程，包括高速空中机动和一种用绳索吊挂漫游车的"空中起重机"系统。

说，这是一辆大小和重量都与迷你库珀车差不多的火星漫游车。NASA还打算用一种航天史上史无前例的着陆方式，把漫游车安全地送上火星。先用类似高超音速飞机一样的着陆舱，带着漫游车飞向着陆地点；然后在着陆点上空盘旋，用一根长绳将漫游车放到地面上。另一辆漫游车的建造者、欧洲空间局（ESA）的豪尔赫·巴戈（Jorge Vago）评价说："这套系统非常酷！"

价值15亿美元的火星科学实验室（Mars Science Laboratory，MSL，现名"好奇号"）的庞大尺寸是促使工程师设计出如此大胆、并且存在争议的着陆方案的原因。目前正在火星上漫游的"勇气号"（Spirit Mars Exploration Rover）和"机遇号"（Opportunity Mars Exploration Rover）火星探测车只有手推车大小，MSL的重量却是它们的4倍以上。装载MSL的密封舱宽4.5米，甚至比阿波罗登月任务时的指令舱（3.9米）还要大。美国喷气推进实验室（Jet Propulsion Laboratory，JPL）的亚当·施特尔茨纳（Adam Steltzner）

指出："MSL将成为有史以来，进入行星大气层的最大的隔热防护装置。"正是施特尔茨纳领导的一个攻关小组，为此次火星探测任务设计了进入大气、降低高度到着陆火星的整个过程。

　　"勇气号"和"机遇号"着陆火星时，只需要切断它们的降落伞，巨大的气囊会保护着它们在火星表面上弹跳，最后安全落地。如果MSL也采用相同的着陆技术，那么它必须配备的超大型安全气囊就会塞满整个密封舱，根本容不下其他科学设备。使用着陆架落地则会遇到另外一些问题。用腿支撑的着陆器容易倾倒，制动火箭系统也必须长时间点火，会在着陆地点掘出一个大坑，搅起令人窒息的灰尘。发动机还必须在恰当的时刻关闭，这就必须用到极其灵敏的触地传感器。NASA的调查人员怀疑，1999年火星极地着陆器坠毁的原因，可能就是一个敏感的传感器过早关闭了发动机。

　　MSL的着陆方案似乎绕开了这些问题。漫游车的母船其实是一个巨大的喷气背包。当它靠近火星地面时，喷气背包就会点火，在20米的高空盘旋。此时它就用一根7.5米长的凯芙拉绳索将漫游车吊下来，然后缓缓下降，速度接近人类步行。如果下面吊着的漫游车开始摇摆，母船只需横向移动就可以抵消晃动。这种着陆方式根本不需要触地传感器———一旦漫游车着地，母船维持高度所需的火箭推力就会骤减，它就会记录"货物已经送达"。此时，爆炸装置会炸断绳索，母船则耗尽燃料，坠落在几百米外。这套着陆系统的设计灵感来自于西科尔斯基（Sikorsky）的一款货运直升机，为了表达

凯芙拉绳索

　　凯芙拉绳索由一种合成有机纤维材料——凯芙拉纤维制成。20世纪60年代，美国杜邦公司研制出一种高性能合成纤维——芳纶1414，其商品被定名为凯芙拉。该纤维材料强度极高、重量轻、韧性好，目前被广泛应用于国防军工、航空航天、船舶等高尖端领域。

发射火星探测器。

敬意，这套系统便用这款直升机的名字命名，被称为"空中起重机"。

美国喷气推进实验室的罗布·曼宁（Rob Manning）承认："有些人认为这套方法太骇人听闻了。"他是NASA火星探测计划的首席工程师，也是前几次火星漫游车探测任务的技术功臣。这样的想法并不奇怪，因为空中起重机系统从未在太空中尝试过，工程师也无法在地球上进行完整测试，因为这里的重力和气压都与火星大相径庭。不过别忘了，"勇气号"、"机遇号"、"海盗号"（Viking）和过去的其他火星探测器，也一样没有经过完整的着陆系统测试。当时的成功，取决于工程师建立模型的智慧，今天也没有什么两样。

这项技术关系到MSL探测计划的成败，但绝不仅止于此。如果找不到将更多设备放到火星表面的方法，更加雄心勃勃的计划，例如火星采样返回，就不可能实现（更别提火星汽车广告了）。巴戈说："接下来的每一项计划，都会让我们向着星际旅行之梦，更近一步。"

改进安全气囊

NASA的火星科学实验室，并不是正在计划中的唯一一辆超重漫游车。欧洲空间局计划发射价值10亿美元的ExoMars漫游车，它将携带一套钻井平台，用来寻找火星地下可能存在的生命。ExoMars并不比"勇气号"和"机遇号"大多少，但即使如此，它仍然超过了目前安全气囊技术的承重极限。项目科学家豪尔赫·巴戈说，研究小组正在研究一种新型气囊，能在着陆瞬间放气，吸收撞击产生的冲击力。这种方法所需的气囊更少（只要安装在着陆器底部）。关键在于，要让气囊快速破裂，使漫游车不会再反弹起来。

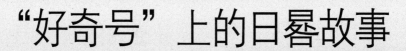

"好奇号"上的日晷故事

撰文：格伦登·梅洛（Glendon Mellow）
翻译：红猪

INTRODUCTION

飞向火星的"好奇号"装载着人们的梦想，也充满了艺术气息。它携带的日晷就是一个艺术品，上面用不同文字书写"火星"，文字种类多达16种，甚至包括了古代的苏美尔文和因纽特文。当然，这个手绘日晷更重要的作用是协助"好奇号"校正相机色彩。

对于数百万梦想在红色行星上发现点什么的人来说，"机遇号"（Opportunity Mars Exploration Rover）和"勇气号"（Spirit Mars Exploration Rover）火星探测车代表了乐观、希望，甚至可爱的品质。

这样看来，最新一部火星车"好奇号"（Curiosity Rover）上载个日晷（根据太阳位置来测量时间的一种设备）、附上经典儿童文学里的那种致辞和插图，是多么合适。"好奇号"于2011年11月26日搭乘"大力神5号"火箭升空，2012年8月登陆火星。

这个日晷还将作为参考，帮助"好奇号"校正桅杆相机的色彩。有了它的帮助，相机就能捕捉火星的地貌了。拍下的图像将

古代苏美尔人或亚述人书写的楔形文字。

苏美尔文

苏美尔文是两河流域南部迄今所知的最早文字。苏美尔文的字迹成楔形，因此又被称为"楔形文字"，这种"楔形文字"后来传播到了整个西亚。

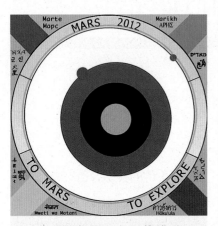

"好奇号"上面携带的日晷，既是一件艺术品，同时也具有实用功能，帮助"好奇号"校正桅杆相机的色彩。

探访"好奇号"火星车

采纳儿童和青少年的提议为火星车命名是NASA的惯例，与"勇气号"和"机遇号"一样，原名火星科学实验室的火星车，有了新名字"好奇号"。这个名字也来自于一名学生——12岁的华裔女孩马天琪。

"好奇号"于2011年11月发射升空，2012年8月成功在火星降落，计划工作年限约为两年。

"好奇号"由核动力驱动，使命是探寻火星上的生命元素。"好奇号"上有着许多高新技术装备，包括能拍摄高解析度照片和视频的相机、机械手臂、化学样本分析仪、辐射探测器、环境监测器等等。

会分多次从火星传回地球，而且通过"好奇号"，学生们还可以了解，在一颗大气色彩与地球不同的行星表面，如何确定时间、日期、季节和海拔。"好奇号"将一直留在火星上，为将来的太空旅行者提供便利。

日晷上的信息和图画里，包含用16种文字写成的"火星"，包括古代的苏美尔文（Sumerian）和因纽特文（Inuktitut），它们写在日晷的边缘。

这项创意的幕后策划是艺术家乔恩·隆伯格（Jon Lomberg），他曾是卡尔·萨根的同事，也是萨根最喜欢的艺术家。隆伯格已有五件作品登上了火星，包括由他讲解、2007年搭乘"凤凰号"（Phoenix）登陆舱的DVD《火星印象》（*Visions of Mars*），"好奇号"上的日晷就是第五件。

就像以前的那几辆火星车一样，或许有一天，"好奇号"也会成为传奇、载入故事书里。

因纽特文

因纽特文为居住在北极地区附近的因纽特人所使用，主要分布在加拿大北部、美国阿拉斯加北部以及格陵兰岛等地。

火星上的 "河流"

撰文：迦勒·沙尔夫（Caleb A. Scharf）
翻译：徐愚

INTRODUCTION

火星探测器的登陆让我们有机会一睹火星地貌——那是一片干旱的土地，好似地球上的荒漠。不过"好奇号"有了惊人的发现，那正是火星上曾经存在水的证据。

与在太空轨道中遥望火星相比，"好奇号"火星探测器的登陆让我们观察到火星上更多的细节图景。

"好奇号"着陆于盖尔陨石坑（Gale Crater）。早期火星轨道探测器拍摄的盖尔陨石坑卫星图像显示，这里存在一块形状类似"冲积扇"的区域，意味着曾有河水流经并冲击了盖尔陨石坑底部。

2012年9月，在"好奇号"传回的火星图像中有一块突出地表的岩层。这块岩层呈向上倾斜状，由碎小卵石和砂砾混合而成，被认为是火星上的古代河床。碎小卵石可能来自数百米高的陨石坑边缘，从卵石的大小、稍显圆润的形状及其所处位置来推断，这些碎小卵石曾在河水中被冲刷打磨，水深约在脚踝至腰部之间。

火星车在火星表面漫游。

　　这是一个惊人的发现。科学家一直认为，水是形成这种地形最可能的原因。目前来看，这里以前的确有水流过，并在火星表面留下了砂砾混合的层状岩石。虽然盖尔陨石坑如今的干涸程度或许更甚于地球上最干旱的沙漠，但许久以前，这里也曾流水汩汩，波光粼粼。

话题四

太阳系不寂寞

说起我们居住的太阳系，就不得不提几个重要成员——太阳系的八大行星：水星、金星、地球、火星、木星、土星、天王星、海王星。它们和它们的卫星有着太多还不为人们所知的秘密，也许某颗星星上还隐藏着生命，等待着人们去发现；也许某颗星星将成为未来生命的乐土。当然，太阳系的成员还有矮行星、小行星、彗星和流星等天体。让我们飞离地球和火星，去往太阳系其他天体那里，听听它们的故事。

诡异的太阳

撰文：约翰·马特森（John Matson）

翻译：王栋

I NTRODUCTION

对太阳上的"针状物"的研究可能有助于解释为何太阳外层大气的温度会高于低层大气和太阳表面。针状物从太阳色球喷发而出，对上方日冕产生加热作用，这一加热机制目前仍有待进一步探究。

从上世纪40年代起，太阳物理学家就被一个问题所困扰：为什么离产生热量的太阳核心很远的太阳外层大气，温度却比较底层大气和太阳表面都要高？

对此，科学家提出了多种不同的解释——从声波或者磁力波在太阳上层大气（即日冕）中耗散而释放能量，到日冕中相互缠绕的磁场线发生重联时产生的、被称作"纳耀斑"（nanoflare）的瞬时能量爆发。现在，新一代太阳观测卫星得到的观测数据暗示，可能还存在另一种加热机制：炽热的电离气体（即等离子体）不断冲向太阳上层大气，贡献了相当部分的日冕热量。

研究人员发现，在把日冕加热到上百

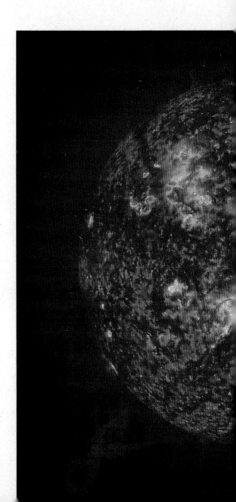

针状物

针状物指太阳色球表面上的针状活动体。针状物可以从太阳色球一直延伸到日冕，是一种快速演化的喷流状结构，可以在日面边缘观测到。

万开的过程中，太阳上的"针状物"（spicule）可能也起了一定的作用。这是一种持续时间很短，从太阳色球（chromosphere，也就是较底层大气）中向上喷发的等离子体"喷泉"。"针状物"的起源，从某种程度上来说还是一个谜。这些仅仅能持续100秒的喷泉，以每秒50～100千米的速度从色球中向上喷发。该研究的第一作者巴特·德潘德约（Bart De Pontieu）打比方说，这个速度足以在几分钟内从旧金山飞到伦敦。德潘德约是美国加利福尼亚州帕罗奥图市洛克希德·马丁太阳与天体物理实验室（Lockheed Martin Solar and Astrophysics Lab，LMSAL）的研究人员，他和同事的这一发现发表在《科学》（Science）杂志上。

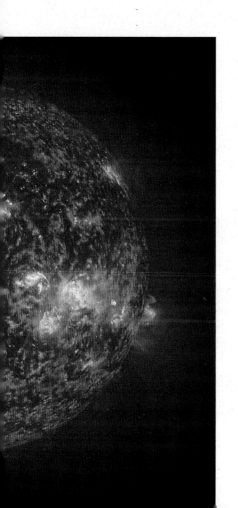

他们研究的基础，是2010年发射的美国国家航空航天局（NASA）新型"太阳动力学天文台"（Solar Dynamics Observatory）和2006年开始使用的日本"日出太阳卫星"（Hinode）的观测数据。这两个太阳观测卫星能以数秒一幅的速度拍摄高分辨率的太阳照片，这种快速观测方式对于识别和发现瞬间发生或者快速变化的现象是必需的。

研究人员发现，当温度高达数万开的针状物从色球升起时，会将上方日冕中的一些区域加热到100万～200万开。

现在，研究人员还不知道是什么将色球中的等离子体以如此高的速度向上抛射出去，也不清楚是什么将它们加热到了在日冕层中所能达到的极限温度。但是，针状物与日冕加热之间的联系，让我们看到了破解这桩已有70年历史"悬案"的希望，英国伦敦大学学院（University College London）的肯尼斯·菲利普斯（Kenneth Phillips）评论说。

美国航空航天局戈达德航天中心（Goddard Space Flight Center，位于马里兰州的格林贝尔特）的詹姆斯·克里姆丘克（James Klimchuk）说，虽然在太阳的一些特定区域中，针状物看起来确实是一种重要现象，但时间会告诉我们，这些针状物能否在整个太阳的尺度上输送解释日冕超高温度所需的足够多的炽热等离子体。他认为，这些新的观测结果确实"非常令人激动"，但他同时指出，自己的一些初步计算结果显示，针状物只提供了日冕中炽热等离子体中的一小部分，剩下很大一部分仍应来自于其他更常规的日冕加热机制。德潘德约对此也持谨慎态度：现在还不能认为日冕温度这一困扰人们许久的谜题已被彻底解决。"我认为很有必要指出，我们还没有弄清楚日冕加热的问题，但我们离最终答案又近了一步，"他说，"我们最终会弄清楚，这究竟是主要加热机制还仅仅是机制之一。"

新太阳卫星亮相

撰文 约翰·马特森（John Matson）
翻译 谢懿

2010年4月，一颗全新的太阳卫星正式登台亮相，公布了第一批图像和视频。美国国家航空航天局（NASA）2010年2月发射的"太阳动力学天文台"，几乎能够连续不断地发回1,600万像素的太阳图像，将太阳的辐射分解到不同的波长，追踪波在太阳表面传播，测量不断变化的太阳磁场。这里显示的照片，是2010年3月30日拍摄的太阳极紫外像。伪色彩代表了不同的气体温度：红色的温度相对较低（大约6万度）；蓝色和绿色的较高（至少100万度）。

这个天文台能够提供非常全面的信息。科学家认为，它对于太阳物理学的重要性，相当于哈勃空间望远镜对于普通天体物理学。

重访水星

撰文：任文驹（Philip Yam）
翻译：王栋

INTRODUCTION

在"水手10号"飞越水星三十多年后，终于因为"信使号"对水星的探访，我们才看到了水星不为人知的一面：原来水星并不像月球那样一片死寂，在它内部也存在地质活动。"信使号"还发现了水星上卡洛里盆地内部的"蜘蛛"状凹槽，这是人们以前未曾见过的独特结构。

从表面上看，布满撞击坑的水星很像月球。然而，近距拍摄的图像表明，两者之间有着很大的差别。2008年1月14日，美国国家航空航天局（NASA）的"信使号"（MESSENGER）飞船第一次飞越这颗被太阳灼烤的行星时，发回了这些图像。上一次科学家

卡洛里斯盆地

卡洛里斯盆地的英文名Caloris Basin中的"Caloris"来源于拉丁语，意思是"热"，卡洛里斯盆地就是水星温度最高的区域。卡洛里斯盆地是1974年由"水手10号"飞越水星时发现的，但是当时只获得了盆地东半边影像，"信使号"则在2008年对盆地西半边进行了高分辨率成像。

们能看到如此精细的图像，是通过1973年发射的"水手10号"（Mariner 10）探测器实现的。与前辈相比，"信使号"拥有更先进的仪器设备，拍摄水星的角度也不同，所以它获得了新的观测资料。

利用飞船上配备的11组彩色滤镜，"信使号"的"眼睛"可以"看到"人类肉眼看不到的光波波段。它用3个不同的彩色滤镜拍摄的图像，被合成为一张假色照片（上页左图），图中可以看到年龄不超过5亿年的年轻环形山呈现出淡淡的蓝色。它还发现了许多新形成的悬崖，或者说断层，绵延达数百千米。这张水平边长约200千米的照片，显示了其中一个陡峭的断层（上页右图）。这些悬崖也许是在水星内部冷却时形成的：星体冷却收缩，表面就会产生褶皱。

"信使号"飞船还确定了水星上卡洛里斯盆地（Caloris Basin）的大小。这个巨大的撞击坑直径约1,500千米，几乎是水星直径的1/3，比过去科学家们估计的直径还多出200千米，从而跻身太阳系中最大撞击坑的行列。在这个盆地内部，"信使号"还发现了当年"水手10号"没能观测到的一种独特结构，科学家们称之为"蜘蛛"。它由许多道从某个中心向外辐射的凹槽构成，也许表明这一地区的盆地底部在盆地形成后又裂开了。

2008年10月和2009年9月，"信使号"飞船又先后2次造访了水星。2011年3月它进入了环水星轨道。它还会继续拍照，并用激光测绘水星地形，同时对这颗行星的磁层（magnetosphere）进行探测。

"信使号"飞船的水星之旅

"信使号"飞船发射于2004年8月3日，直到2009年，共3次飞掠水星，在2011年3月18日成功进入水星轨道，成为了首颗围绕水星运行的探测器。之前，在1973年发射的"水手10号"探测器是一个行星飞越任务，只能观察到半个水星，而"信使号"是一个环绕行星轨道的任务，可以探测整个水星表面。

在我们对水星的了解上，"信使号"飞船功不可没。探测期间，"信使号"捕获到大量水星表面的影像信息，其中就有一幅陨坑群的照片，形状酷似米老鼠。此外，"信使号"还揭示了水星的5个秘密。第一，水星的南极和北极拥有不对称的磁场。第二，水星与太阳之间的距离对水星的钙、镁以及钠的含量有重大影响。第三，水星的两极存在冰和有机物。第四，水星的核心由铁组成，其中一部分是液态。第五，水星表面的硫含量非常高。

水星有水冰

撰文：约翰·马特森（John Matson）

翻译：高瑞雪

INTRODUCTION

昼夜温差极大的水星上，可能有水存在吗？对水星的新探测似乎给出了肯定的答案——在那样严酷的环境下竟然可能存在水，而水星的极地陨石坑则可能是冰沉积物的藏身之处。

水星是距离太阳最近的行星，那是一个极端的世界。白天，水星赤道附近的气温可以飙升到400℃，在那样的高温下，连铅都会融化。然而，当白昼过去，夜晚来临，水星表面的温度又会猛跌到 –150℃以下。

尽管如此，这个极端世界里还是有一些地方环境略微稳定。在水星的极地陨石坑内，由于坑口阴影的遮挡，有些区域终年不见天日。那里的温度在整个"水星日"里都是寒冷的。长期以来一直存在这样的假设：水星在太阳眼皮底下，把几袋子冰塞到阴暗的陨石坑里藏了起来。2012年3月的年度月球与行星科学大会（Lunar and Planetary Science Conference）公布了美国国家航空航天局（NASA）"信使号"水星探测器新传回的数据，数据证明这个假设是正确的。

2011年，"信使号"进入水星轨道，开始以前所未有的精度测绘这颗太阳系最内侧的行星。"信使号"探测到的极地陨石坑地图，与

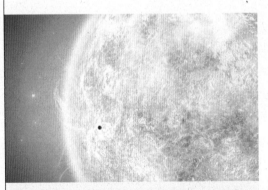

水星是距离太阳最近的行星，昼夜温差极大。

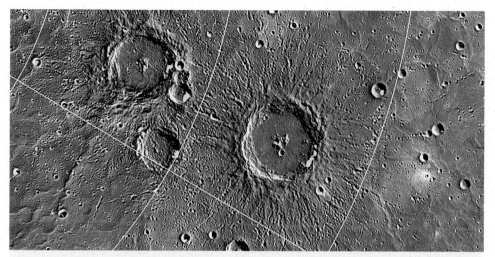

"信使号"测绘的水星陨石坑。黄色标示出的雷达亮点可能标志着冰沉积物的存在。

以前通过地球雷达得到的水星极地图像精确吻合。地球雷达图上显示出了不规则的亮点，即一些小块区域的无线电波反射远高于四周，就像那里有冰存在似的。

但雷达热点还标示出了一些小陨石坑，以及在低纬度地区的陨石坑，这些陨石坑的底部温度可能不太适宜冰的存在。在这里，冰沉积物可能会需要一层薄薄的"隔热毯"，也许是一层由细微颗粒组成的表层介质或风化层，从而使冰不会升华。

事实上，"信使号"的数据似乎证实了，在陨石坑内，确实有些隔热物质覆盖着冰。由于覆盖着含有机化合物的深色风化层，陨石坑阴影处的温度恰好可以存在冰沉积物，美国加利福尼亚大学洛杉矶分校（University of California, Los Angeles）的戴维·佩奇（David Paige）解释道。

佩奇说，从现在的证据来看，那些亮点的主要成分，明显就是水冰。

风化层

风化层指地表岩石经风化后的残积物形成的堆积层。风化层在月球、水星、小行星、彗星等天体中都可找到。

太阳风"吹走"金星水分

撰文：尼基尔·施瓦米纳坦（Nikhil Swaminathan）
翻译：刘旸

INTRODUCTION

没有了磁场的保护，金星上的水都被太阳风"吹跑了"。那么跑了多少呢？大概有一片海洋那么多吧。

欧洲空间局的"金星快车"（Venus Express）让人们看到，金星与地球有多么不同。由于金星大气不受磁场保护，且时刻面临能量巨大的太阳风的袭击，导致大气层表面的分子被剥离并飞入太空。

科学家发现，离开金星的氢气是氧气的两倍，这说明水被分解了。相关数据显示，自金星形成以来，金星表面散失的水分，可以形成一片海洋。同时，"金星快车"还证实，金星大气可以产生闪电。

"金星快车"

"金星快车"是欧洲向金星发射的首个探测器，它于2005年11月发射升空，2006年4月顺利进入金星轨道。通过分析"金星快车"传回的金星图像，科学家们不仅发现了金星南极上空大气中的双漩涡，还证实了金星有一层薄薄的臭氧层。

土卫二冒烟了

撰文：乔治·马瑟（George Musser）
翻译：虞骏

I NTRODUCTION

没有人知道直径仅有500千米的土卫二为什么会冒烟，或者说，为什么看起来没什么能量的土卫二上面还有活火山。也许这种神秘的现象正是土卫二的魅力所在。

土星的卫星土卫二（Enceladus），渐渐成为了"卡西尼号"（Cassini）探测任务中的明星。2005年的观测曾经显示，缕缕水蒸气和尘埃高悬在这颗卫星的南半球上空，滋生出一个稀薄的大气层，还产生出一条土星光环。现在，"卡西尼号"的相机已经将这些喷发出的烟雾拍了个现形。它们似乎是从"虎纹"中喷发出来的。这些被称作

"卡西尼号"

"卡西尼号"土星探测器以天文学家乔瓦尼·卡西尼（Giovanni Cassini）的名字命名，它于1997年10月发射升空，2004年7月进入土星轨道。其主要任务是对土星及其大气、光环、卫星和磁场进行深入考察。

土卫二喷出的烟雾。照片经过了色彩增强，以突显出轮廓。

"虎纹"的平行裂纹在红外图像中明显发亮，正是散热的信号。土卫二因此成为了太阳系中第四个已知拥有活火山的天体——前三个是地球、木星的卫星木卫一（Io）和海王星的卫星海卫一（Triton）。没人敢断言是什么驱动了它的地质活动，形成了如此严重的南北不对称性。因为土卫二非常小，直径仅有500千米，来自地底深处的热量应该在很久以前就已经散发干净了，而潮汐力似乎也无法单独完成任务。2008年3月，当"卡西尼号"再一次近距离飞越土卫二时，它提供了更多的细节照片。

土卫二有生命吗？

撰文：蔡宙（Charles Q.Choi）
翻译：阿沙

I NTRODUCTION

现在，人们已经知道土卫二喷射出的物质含冰，这更增添了这颗星星的神秘色彩，也让我们对它有了更多期待。"卡西尼号"及后续的探测器将有可能发现土卫二的秘密，或许到那时候我们就知道上面是不是有生命了。

在土卫二（Enceladus）南极点喷发出的"冰间歇泉"（ice geysers），暗示着极地下面很可能存在一个地下海洋。2005年，"卡西尼号"（Cassini）土星探测器在3次飞越土卫二时，侦测到一股冰粒和尘埃的喷发，那是从南极裂缝处喷射出的、高达几千千米、包裹了整个星球表面的"冰喷泉"。喷出的大部分冰粒和尘埃已经回落，像白雪一样覆盖在已经支离破碎成房间大小的巨型冰块的冰原表面。其余冰尘，则逃逸出土卫二自身的引力

土卫二喷发出的间歇泉，看起来很像是"卡西尼号"拍照时颜色出了问题。

间歇泉

间歇泉是一种很特殊的泉，是由于地壳深处的热量推动，使泉水喷发，间歇性地涌出地表而形成的。

范围——很明显，它们最终会归入位于土星光环最外侧的、直径30万千米的蓝色E环。科学家们推断，与美国黄石国家公园里的老忠实间歇泉（Old Faithful）一样，土卫二的间歇泉主要由地下深处的热量推动。土卫二内部使间歇泉得以喷发的热量，可能是移动的、冰川状的构造板块以及潮汐力共同作用的结果。这种运动，暗示了地表冰层以下约10米或者更浅处有一个液态海洋。科学家们在2006年3月10日的《科学》（Science）上发表论文，推测这个地下海甚至可能孕育着生命。

冰封的世界——土卫二

土星的第六大卫星土卫二，是一个被冰覆盖的卫星。它的表面较为光滑，因为几乎能百分之百地反射太阳光，所以看起来非常明亮。这个体积不太大的土卫二，表面却有槽沟、悬崖和山脊等多种地质构造，这表明土卫二并不是一颗死气沉沉的星球，它很可能还存在着地质活动，但想要从理论上解释清楚却很难。直到"卡西尼号"探测器发射并对土卫二进行观测后，谜一样的土卫二才慢慢揭开了它神秘的面纱：土卫二至今仍存在地质活动，而且还发现有喷射冰的间歇泉存在，这也为探索外星生命提供了线索。

土卫六的甲烷湖

撰文：戴维·别洛（David Biello）
翻译：张博

INTRODUCTION

"卡西尼号"探测器又有新发现：土卫六的表面上，分布着大大小小的湖泊。不过，这些湖泊里储藏的可不是水，而是液态甲烷。

土星的神秘卫星——土卫六（Titan）上，笼罩着一层浓厚的烟雾。根据这些烟雾，研究人员猜测，土卫六的表面应该存在液态甲烷，但探测器一直没有发现它的踪迹。"卡西尼号"土星探测器2006年进行的雷达成像观测，终于在土卫六的北极附近，发现了75个类似湖泊的区域，有些湖泊宽达70千米。科学家相信，这些区域是被液体填充的洼地，因为那里的温度（-179℃）和压强（1.5倍地球大气压）适合甲烷及其分解产物——乙烷以液态的形式长期存在。这些湖泊中的"水"，可能来自储藏于地下的液体，也可能来自蒸发之后又以烃雨的形式落回地表的"雨水"。"卡西尼号"未来还将多次飞越土卫六，到时就可以揭示

在经过电脑着色处理的"卡西尼号"土星探测器拍回的雷达图像上，可以看到土卫六表面点缀着甲烷湖泊。

位于土星和土卫六附近的"卡西尼号"。

这些湖泊的季节性变化，并搜索土卫六表面的其他地方是否存在湖泊。这一发现是2007年1月4日的《自然》（Nature）杂志公布的。

未来的生命乐土——土卫六

土卫六是众多科幻电影和科幻小说中的明星，而它之所以令人着迷，并不只是因为它是已知的土星卫星中最大的一颗，更是因为它与地球有很多相同之处。和地球一样，土卫六也被浓厚的大气层包围着，而且主要由氮气组成。浓厚的大气为观察造成了困难，但这也激起了人们的好奇心。在"卡西尼号"发射之前，人们就了解到它上面可能存在湖泊、也会下雨，这引起了人们的种种猜想：土卫六极有可能存在生命。而"卡西尼号"的探测让人们对土卫六有了更为清晰的认识，也引发了更多关于生命存在与否的争论。虽然有关土卫六上生命的探讨尚无定论，但有科学家相信：再过几十亿年，那里将成为生命的乐土。

太阳系不寂寞　话题四

引力的鬼斧神工

撰文：明克尔（JR Minkel）
翻译：Joy

INTRODUCTION

引力能产生多大的作用？拆散一对漫游在天际的天体，把其中一个拉过来变成自己的卫星？或是推翻一颗行星，让它与众不同地"躺着"绕太阳运行？别不相信，这些引力都有可能做到！

当天文学家无法解释太阳系中的古怪特征时，他们似乎会求助于不太可能发生的天体碰撞。例如，海卫一（Triton）围绕海王星（Neptune）旋转的方向与海王星的其他卫星相反，过去的最佳猜测是，海卫一远道而来，将另一颗卫星撞了出去，就像台球桌上一杆命中之后的白球一样。不过，研究人员在2006年5月11日《自然》（Nature）上发表的文章中称，假如一对相互绕转的天体旋转着经过海王星，那颗相对行星运动较慢的天体就有可能被行星

海卫一

海卫一是海王星的卫星中最大的一颗，还是太阳系中最冷的天体之一。海卫一很特别，因为它是唯一一颗在太阳系中逆行的卫星。海卫一有薄薄的大气层，主要由氮气和小部分甲烷组成。科学家们推测，表面冰冷的海卫一可能由于潮汐力的作用形成了较为温暖的地下海洋。

气态巨行星

在太阳系中，巨行星是指四颗最大的行星，即木星、土星、天王星和海王星，它们与水星、金星、地球和火星这四颗类地行星相比，离太阳更远，质量和体积都很大，但密度相对较低。它们自转较快且有众多卫星，拥有致密厚重的大气，是没有固体表面的流体行星，因此也被称作气态巨行星。

的引力捕获，开始围绕这颗行星公转，而另一颗天体会继续它的旅途。2006年之前，太阳系外围已经发现了许多类似的双天体对。同样，引力也可以解释为什么天王星和它的卫星侧躺在轨道上运行（相对于天王星的公转轨道平面，它的自转轴倾斜了98度），而不需要另一颗原行星给它来上一记斜勾拳。根据已被接受的年轻气态巨行星轨道迁徙理论，2006年4月27日《自然》（*Nature*）杂志报道的一项模拟试验表明，土星和天王星近距离接触的过程中，土星摇摆不定的自转可能会将天王星推翻。

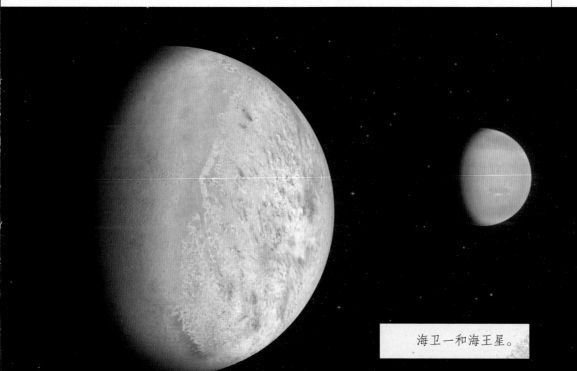

海卫一和海王星。

矮行星上的暗红色斑

◇ 撰文：虞骏

INTRODUCTION

星星飞快自转的结果是什么？变成"橄榄球"！这是太阳系中的一颗矮行星——妊神星的真实写照。在这颗游荡于太阳系外围的星星表面，科学家发现了一个暗红色斑。这究竟是什么呢？真相尚待揭晓。

妊神星（Haumea）是太阳系里最奇特的矮行星，在海王星外已知天体中排名第4，大小仅次于阋神星（Eris）、冥王星（Pluto）和鸟神星（Makemake）。不过，它的自转速度是同类天体中最快的——"一天"只相当于地球上的3.9个小时。科学家推测，这可能是10多亿年前发生的一场天体碰撞的结果。如此快速的旋转把妊神星甩成了一个"橄榄球"，三轴的长度分别为2,000千米、1,600千米和1,000千米。在2009年9月16日召开的欧洲行星科学会议上，英国贝尔法斯特女王大学（Queen's University Belfast）的佩德罗·拉塞尔达（Pedro Lacerda）介绍说，他们在妊神星的表面

矮行星

矮行星围绕太阳运转，并且有足够的质量以自身的重力克服固体应力，因而形状近似球体。但由于矮行星并不能清除在近似轨道上的其他小天体，因此不能算作行星。有些卫星虽然也有上述性质，但不属于矮行星。

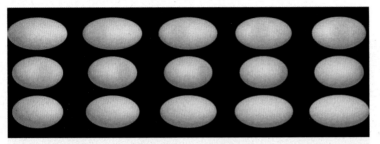

橄榄球形的妊神星上存在一个暗红色斑。

发现了一个暗红色斑。由于妊神星距离地球超过70亿千米，望远镜无法分辨任何细节，暗斑的存在是根据妊神星的亮度随自转的变化而推测出来的。科学家还无法确定暗斑的真实身份，它有可能是那场天体碰撞留下的遗迹，也可能是妊神星上矿物和有机物富集的地区。

天文界历史上的误差——冥王星被降级

冥王星于1930年2月18日被发现，起初被列入太阳系九大行星。但冥王星与其他八大行星有些不同——它体积过小、轨道扁长，因此许多人质疑它能否算作一颗真正的行星。冥王星所处的轨道位于海王星之外，属于太阳系外围的柯伊伯带，这里一直是太阳系的小行星和彗星诞生的地方。2005年在此区域发现的质量更大的阋神星（Eris）彻底撼动了冥王星的地位，后来依次发现了更多体积质量与冥王星差不多的天体，使得人们对冥王星的争议更大了。2006年8月24日第26届国际天文联合会通过了新定义，认为行星是指围绕恒星运转，以自身引力足以克服其刚体力保持圆球状，并能清除近似轨道附近其他物体的天体。而冥王星不符合第三条。通过天文学家投票，冥王星被正式从行星之列除名，降级为矮行星。

不是彗星惹的祸?

撰文：约翰·马特森（John Matson）

翻译：谢懿

INTRODUCTION

　　遥远的奥尔特云被认为是彗星发源地，那里的彗星经过漫长的旅程，通过木星和土星的层层阻挠，冲进太阳系，甚至与地球发生亲密接触。它们是怎么踏上这条轨迹，并进入太阳系内部区域的？一个新的彗星形成机制告诉我们，从内奥尔特云散射的彗星受到星际空间引力摄动，就可以绕过木星或土星，安身于太阳系内。

奥尔特云（Oort cloud）到太阳的距离远远超过冥王星的轨道半径。那里的冰质尘埃团块有时会受到驱赶，拖着长长的尾巴以彗星的形式闯进内太阳系。在从太阳附近经过的恒星及银河系中其他相互作用的影响下，一些扰动足以把奥尔特云中的彗星送入一条从地球身边呼啸而过，甚至会与地球相撞的轨道。新的数值模拟已经揭示出一种彗星进入内太阳系的新机制。这种方法

还暗示，彗星雨可能和地球上的大规模生物灭绝事件并没有太大联系。

彗星的运动很大程度上取决于木星和土星：它们巨大的引力场往往会让小天体远离地球。传统观点认为，能够绕过木星和土星围堵的彗星必定来源于奥尔特云外围，因为只有在那里，来自太阳系外的摄动才能发挥最大的影响，把彗星送入周期长达数百年的椭圆轨道。这种理论还认为，只有在其他恒星近距离擦过太阳而造成彗星雨期间，极强的引力扰动才能把内奥尔特云的彗星送入内太阳系。

美国华盛顿大学（University of Washington）的内森·卡布（Nathan Kaib）和托马斯·奎因（Thomas Quinn）进行的计算机模拟，颠覆了先前的这一观点。他们发现，即便在没有大的扰动造成彗星雨的情况下，能成功穿越木星—土星壁垒的彗星实际上也有很多来源于内奥尔特云。确切地说，他们发现，通过与大质量行星的相互作用，内奥尔特云中距离相对较近的天体可以被散射到奥尔特云的外围。这些彗星突然被"踢入"一条周期更长的轨道，从而受到更大的、来自于星际空间的引力摄动。一段时间后，当它们再次回到行星附近时，轨道又会发生大幅变化，引导它们从木星或土星身边滑过。卡布说："它们基本上都能够成功穿越木星—土星壁垒。"

卡布和奎因估计，我们观测到的来自于奥尔特云的彗星，有半数以上是通过这条途径来到我们附近的。其他研究

彗星引发的骚乱：一种可以用来解释彗星如何穿越木星和土星的新机制认为，这些冰质天体对地球上生物大灭绝事件所起的作用并不大。

者对这一模拟结果也表示赞同。美国喷气推进实验室（JPL）的资深科学家保罗·韦斯曼（Paul Weissman）说："这种被我们称为'动力学路径'（dynamical path）的机制确实可行，影响也可能非常深远。"

美国普林斯顿大学高等研究院（Institute for Advanced Study in Princeton）的天体物理学家斯科特·特里梅因（Scott Tremaine）说，这一新研究为解决彗星形成标准模型和观测之间的差异提供了一条途径。特里梅因说："差异之一是，（按照传统观念）彗星的形成过程效率极低。为了使所形成的彗星数量达到我们的观测值，太阳系原行星盘的质量就必须很大，但这样大的质量似乎与其他方法得到的最佳估算值不相符。"

卡布和奎因用他们新发现的机制和观测到的彗星数量，估计出了内奥尔特云中物质总量的上限。然后，他们建立了一个统计模型，估算有多少彗星会在过去几亿年来的彗星雨中击中地球。他们的结论是：大规模彗星雨非常罕见，由此造成的地球生物大灭绝事件可能不会超过一次。

用彗星动力学来解释地球上的生物灭绝历史，可能会遇到一些争议。韦斯曼注意到，卡布和奎因在分析灭绝事件时考虑的是彗星雨，而非通常情况下所考虑的彗星。而且，就算彗星雨出现的次数减少，也排除不了彗星在生物灭绝中所起的作用。他解释说，要引发一场生物大灭绝，根本不需要许多小彗星像下雨一样接连撞击地球，一颗大彗星撞过来就足够了。

原行星盘

原行星盘是环绕在新形成的年轻恒星周围的气体尘埃盘，在恒星形成过程中普遍存在。

话题五

太阳系外的熟悉面孔

居住在太阳系的我们，总怀有这样的想法：在宇宙中，我们是否是孤独的？在浩瀚的宇宙中，是否也有类似太阳系的星系，或是类似地球的行星？那里是否有生命存在？只要人类探索的脚步不停止，或许在不久的将来，我们就能发现遥远宇宙中的生命。

6
24
C
Carbon
12.0107

太阳系外的二氧化碳

撰文：约翰·马特森（John Matson）

翻译：刘旸

I NTRODUCTION

科学家在太阳系外的某颗行星上发现了二氧化碳，虽然这颗行星并不适于生命存在，但是在这一发现过程中我们又掌握了一门新技术，它有助于我们寻找地外生命。

哈勃空间望远镜（Hubble Space Telescope）在太阳系外某颗行星的大气层中发现了二氧化碳。这颗太阳系外行星名为HD 189733b，质量与木星相当，围绕一颗距我们63光年的恒星运动。通过对比恒星光谱与恒星及这颗行星的总光谱，科学家确定了这颗行星的大气成分。除二氧化碳之外，数据表明还有一氧化碳存在。另外，从以前的研究中可知，行星大气还包括水蒸气和甲烷。由于离母星太近，行星HD 189733b过于潮湿，水汽蒙蒙，不大适合生命存在。尽管如此，通过该发现，我们掌握了一门寻找地外生命迹象的新技术。

钻石 "地球"

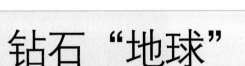

撰文：乔治·马瑟（George Musser）
翻译：谢懿

INTRODUCTION

寻找与地球类似的行星，就是在为地球生命寻找未来的避难所。这样的避难所——"类地行星"上，含量最高的元素可能是碳。这样一颗类地行星，它的地壳由石墨组成，而内部则充满钻石和其他晶体，海洋的成分很可能是焦油。

天文学是一门另类的科学，天文学家最想找到的东西却很平常：类地行星，残酷宇宙中适宜生命生存的另一个避难所。2009年3月发射的开普勒空间望远镜是迄今在类太阳恒星周围寻找类地行星的最佳工具，而现已发现的太阳系外行星大都是气态巨行星。许多人预言，不久之后科学家将发现太阳系外的第一批"地球"。但如果说现在已知的这些与天文学家原先预想大相径庭的巨行星本身就有所暗示的话，那就是太阳系外的"地球"说不定跟我们的地球大不一样。

近年来，理论学家已经意识到，质量跟地球相当的其他行星可以是一颗巨型水滴、一个巨型氮气球，或者就是一大块铁。随便写出一种你喜欢的元素或者化合物，都可以用它们"造"出一颗行星。这些行星存在的可能性，很大程度上取决于碳和氧的比例。这两种元素是排在氢、氦之后宇宙中最常见的元素，在行星系统的胚胎时期，它们会结合成一氧化碳成对

出现。在数量上稍稍胜出的元素，最后将主宰行星的化学组成。

在我们的太阳系中，氧占据了主导。虽然我们倾向于认为，地球是以生命要素碳为基础的，但其实它只是少数派。类地行星实质上由富含氧的硅酸盐构成，外太阳系则充斥着另一种富含氧的化合物——水。

一项新的研究向我们详细展示了太阳系中的碳输掉这场比赛的过程。美国亚利桑那大学和行星科学研究所（Planetary Science Institute，PSI）的杰德·邦德（Jade Bond）、亚利桑那大学的丹蒂·劳蕾塔（Dante Lauretta）及PSI的戴维·奥布赖恩（David O'Brien），模拟了太阳系形成过程中不同化学元素在其中的分布。他们发现碳以气态形式出现在原行星盘中，最终会被吹入深空；胚胎期的地球根本挽留不住它们。我们身体里的碳必定是后来由小行星或彗星带来的，它们形成时所处的条件使它们留得住碳。

2005年，当时在美国普林斯顿大学的马克·库切纳（Marc Kuchner）和当时在华盛顿卡内基研究所的萨拉·西格（Sara Seager）指出，如果碳氧平衡偏向另一侧的

围绕其他恒星旋转的类地行星可能并非由石头构成，而是由碳组成——地壳是石墨，内部是钻石，海洋则充斥着焦油。

话，地球就会变得完全不同。地球不再会由硅酸盐组成，而将由碳化硅（silicon carbide）之类的碳基化合物和真正的纯碳构成。地壳将主要由石墨组成，地下几千米处的压力足以将它们转变成钻石和其他晶体。一氧化碳或甲烷冰将会取代水冰，焦油则可能会形成海洋。

银河系中可能充斥着这样的行星。按照邦德引用的巡天观测数据，拥有行星的其他恒星平均碳氧比要高于太阳，她的小组所做的模拟也预言，绝大多数这样的行星系统会形成碳行星。邦德说："有些恒星的化学构成跟太阳有着巨大的差异，由此形成的类地行星在组成上也会大相径庭。"

当然，其他巡天观测

已经发现，太阳在它所处的这类恒星当中是非常普通的。不过开普勒空间望远镜或许可以解决另类行星的问题，因为即使它能提供的有关太阳系外行星的信息很有限，差不多只有质量和半径，那也足以透露它们的大致构成。

在更加奇特的环境下，比如在白矮星和中子星周围，碳地球可能会变得尤为普遍。银河系中某些富含重元素的区域，例如银河系中心，会具有较高的碳氧比。随着时间的流逝，恒星不断地制造出重元素，这个天平将会进一步向碳倾斜。

诸如此类的天文发现改变了我们对于平常和不平常的观念。银河系中的绝大部分物质是暗物质，绝大多数恒星要比我们的太阳更红、更暗弱，现在看来，似乎其他的地球也可能不再和我们的地球相似。如果说有什么事物偏离了"正常"而被称之为"另类"的话，那就是我们自己。

钻石构成的星球

撰文：约翰·马特森（John Matson）
翻译：王栋

INTRODUCTION

在我们满怀信心地踏上寻找类地行星的发现之旅时，也许没有想到，那些围绕各自"太阳"旋转的陌生星球有多么千奇百怪，就连组成这些星球的化学成分也同地球大不相同。在另一个主要由碳构成的星球上，珍贵稀有的物质很有可能不是钻石，而是水。

在我们的太阳系之外，还有其他遥远的行星在围绕着它们的"太阳"旋转。虽然对那些陌生星球的研究才刚刚起步，但是科学家们已经发现了数百个同我们地球完全不同的世界：令木星都相形见绌的巨行星，被母恒星炙烤得如火红石块般的岩石行星，还有蓬松的、密度和苔藓差不多的诡异行星。

虽然通常认为，还应该存在看起来和地球类似的太阳系外行星，但映入我们眼帘的却总是超乎想象的奇异世界。在那里，稀有元素（相对地球来说）遍地都是，而常见元素却十分罕见。

以碳为例，这种构成有机物的关键元素，同时也是一些对人类来说最为珍贵物质（例如钻石和石油）的主要成分。虽然碳极其重要，它的含量却不高：在地球组成物质中所占的比例还不到0.1%。

不过，在另一个星球上，碳也许就像尘土一样处处可见。事实上，在那里碳和尘土或许就是一回事。近期发现的一颗距我们40光年的太阳系外行星，很可能就是一个那样的世界。在那里，碳元素

占其物质组成的大部分，并且在行星内部，巨大的压力会让数量可观的碳元素形成钻石。

这颗被命名为"巨蟹座55e"的行星可能拥有一层数百千米厚的、由石墨组成的地壳。"如果能钻到这层地壳下，你将会看到厚厚的一层钻石！"美国耶鲁大学（Yale University）的博士后研究员天体物理学家尼库·马杜苏丹（Nikku Madhusudhan）说。这一钻石结晶层可以占到该行星地层厚度的三分之一。

这种"碳世界"的独特构造，源自与我们地球完全不同的行星形成过程。如果太阳里的元素组成能够作为参考的话，最初孕育我们太阳系中行星的原始尘埃和气体中，氧元素的含量应该约为碳元素的两倍。实际上，地球上的岩石的确多由富含氧元素的硅酸盐矿物构成。然而天文学家已经确认，在"巨蟹座55e"围绕旋转的恒星中，碳含量却比氧含量稍高些，这或许能说明该行星的形成环境与我们地球明显不同。马杜苏丹及其同事计算出了那颗行星组成物质的特性——比水质行星密度高，但比类似地球的、矿物岩石构成的行星密度低，这同碳质行星的预测相吻合。2012年11月10日，研究人员

煤炭与钻石。

在《天体物理学报通信》（*Astrophysical Journal Letters*）上发表了这一发现。

美国国家航空航天局戈达德航天中心（NASA Goddard Space Flight Center）的马可·库切纳（Marc Kuchner）说，如果碳质行星上还能有生命存在的话，它们将同地球上依赖氧的生物大不相同。珍贵的氧会像燃料一样宝贵，就像地球上人类对碳氢燃料的渴求一样。"在那个星球上，钻戒根本拿不出手，"库切纳开玩笑说，"一杯水才是最令人激动的求婚信物。"

可能孕育生命的外星行星

撰文：布林·内尔松（Bryn Nelson）

翻译：庞玮

INTRODUCTION

还有什么比找到一颗可能孕育生命的星球更令人兴奋呢？最近，有科学家宣布找到了一颗这样的星球——Gliese 581g，它"不冷不热"，正是我们期待已久的目标。虽然目前还未最终确定，但科学家已经迫不及待地开始推测在这个星球上可能存在的生物形态了。而通过模型模拟得到的结果，更是令人雀跃不已。

长期以来，天文学家一直在太阳系外搜寻有可能孕育生命的行星。2010年秋天，美国加利福尼亚大学圣克鲁兹分校（University of California, Santa Cruz）的天文学家史蒂文·沃格特（Steven Vogt）及其同事，宣布发现了一颗外星行星Gliese 581g——它既不太热，也不太冷，似乎正好是梦寐以求的目标。"如果该发现得以确认，那它肯定是我们期待、而且期待了很久的那颗行星。"美国华盛顿大学（University of Washington）的天体生物学家罗里·巴恩斯（Rory Barnes）虽然没有参与该发现，但难掩兴奋之情。

然而好梦总是难圆。就在加利福尼亚

红矮星

红矮星指在众多处于主序阶段的恒星当中，质量和体积较小、表面温度低、颜色发红的恒星，其光谱类型为K型或更晚型。和太阳（黄矮星）相比，红矮星更小也更暗。

大学圣克鲁兹分校的天文学家宣布发现这颗"既不太热，也不太冷"的行星之后不久，一个在外星行星搜寻领域与他们存在竞争的瑞士研究团队宣称，在自己的数据中找不到Gliese 581g存在的证据。因此虽然使用望远镜观测该行星系统已有11年之久，要从这些间接而且细微的测量中确认这颗行星的存在，可能还要好几年时间。

尽管如此，这些激动人心的数据仍使天文学家闻风而动，开始加快研究孕育地外生命所需的环境。在他们看来，Gliese 581g存在的可能性，进一步加强了地外生命研究的紧迫性，利用超级计算机对地球大小的行星上可能存在的生命进行模拟研究已属当务之急。

包括天体生物学家在内的很多科学家，已经开始根据天文观测数据，结合对地球生命形态的认识，利用计算机模拟地外行星上的环境。与最近接二连三发现的新外星行星的热潮相比，这些仿真模型的价值在于，能给科学家提供重要指引，以便在将来的观测中对地外生命迹象进行更有效的搜寻。Gliese 581g已经成为近期外星行星搜寻领域中大家瞩目的焦点。它以近似圆形的轨道环绕一颗红矮星运转，所处位置刚好使其具有合适的温度，得以在表面留存液态水——这是生命存在的第一要素。根据美国国家航空航天局戈达德空间研究所（NASA Goddard Institute for Space Studies）的南希·江（Nancy Kiang）联合华盛顿大学模拟行星实验室一起建立的模型，由于红矮星向外辐射的光还不及太阳的百分之一，因此Gliese

581g上的光合作用生物会全部进化成黑色，以求尽可能多地吸收微弱的"阳光"。

初步计算表明，Gliese 581g有可能始终以同一面朝向红矮星，"向阳面"的温度可能上升至64℃，"背阴面"则终年处于类似地球北极的严寒之中。尽管这一结论仍有争议，但如此这般围绕恒星旋转，会给这颗被沃格特形容为

暮光中的生命：艺术家笔下的Gliese 581g。

"永恒日暮"的行星，点缀一片更适合生命存活的区域。南希·江说，假如这种设想是正确的，行星表面接收到的光线波长就会随经度变化，植物的颜色会沿经度不同呈现出彩虹式的渐变，它们会根据所处区域决定自己的颜色，不浪费照射到身上的每一丝光线。

除了让理论研究者雀跃不已，Gliese 581g还吊足了天文学家的胃口。许多天文学家预计，太阳系外应该还有数百个类似的天体等待我们去发现。"如果这次是我们撞了大运，那么未来很长一段时间内恐怕都找不到第二颗，"沃格特说，"如果不是，那么宇宙中就应该存在大量这样的行星。"

短命的"浮肿"行星

◇ 供稿: 李抒璘

INTRODUCTION

　　行星会死亡吗？没错，目前在御夫座中，一颗围绕着与太阳质量相当的恒星运行的行星已经"浮肿"得失去本来面目，而且仍在瓦解。潮汐力可能是罪魁祸首，它使这颗行星的自身物质向中央恒星流失，最终被恒星完全吞噬。

中外天体物理学家联合组成的一个研究小组已确定，太阳系外的一颗巨大行星正在被它的中央恒星扭曲和摧毁——这一发现有助于解释这颗名为WASP-12b的行星体形为何会异常庞大。

　　这一发现不仅可以解释WASP-12b上发生了什么，还意味着科学家获得了绝无仅有的一次机会，来观测一颗行星如何度过其生命的最终阶段。这项研究的合作者之一、北京大学科维理天文与天体物理研究所（Kavli Institute for Astronomy and Astrophysics）所长、美国加利福尼亚大学圣克鲁兹分校（University of California, Santa Cruz）的林潮教授说："这是天文学家第一次见证一颗行星的瓦解和死亡过程。"科维理天文与天体物理研究所是北京大学新成立的一个

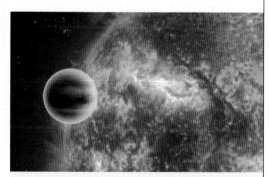

行星WASP-12b在极近的距离上围绕主星旋转，强大的潮汐力使它极度"浮肿"，行星上的物质也正在流失。

WASP-12的行星系统。WASP-12b在图中用紫色球体表示，浅紫色区域表示它的大气。从WASP-12b流出的物质在中央恒星周围形成一个盘，在图中用红色区域表示。这颗气体巨行星的轨道并非圆形，暗示盘中还有一颗未被探测到的"超级地球"，在图中用深棕色表示。

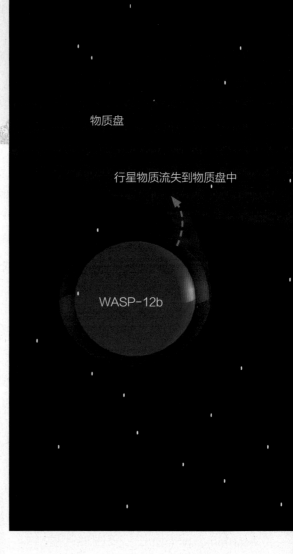

物质盘

行星物质流失到物质盘中

WASP-12b

研究机构，在这项研究中承担了主要工作。他们在2010年2月25日出版的《自然》（*Nature*）杂志上公布了这一发现。

这项研究的第一作者李抒璘当时在科维理天文与天体物理研究所读研究生，她和一个研究小组分析了这颗行星的观测数据，证明其主星的引力如何使这颗行星"浮肿"，同时加速了其瓦解过程。

发现于2008年的WASP-12b是此前15年在太阳系外发现的400多颗行星当中最难以理解的一颗。它围绕着御夫座中一颗质量与太阳相当的恒星运行。和大多数已知的太阳系外行星一样，WASP-12b是一颗巨大的气态行星，这方面跟太阳系里的木星和土星有些类似。不同之处在于，它在极近的距离上围绕主星旋转，到主星的距离只有日地平均距离的1/44。另一个费解之处是，它的体形远远超过了天体物理模型预言的大小。根据估算，它的质量只比木星多大约50%，但

推测存在的
超级地球

是半径却大了80%，体积是木星的6倍！另外它还异常灼热，面向主星那一面的温度超过2,500℃。

研究人员认为，必定有某种机制使这颗行星膨胀到了如此出乎意料的程度。他们把分析焦点放在了潮汐力上，认为WASP-12b上强大的潮汐力足以产生研究人员观测到的种种效应。

在地球上，地球和月球之间的潮汐力导致海洋一天有两次潮起潮落。鉴于WASP-12b距离主星非常近，因此这颗行星上的潮汐力会非常巨大，甚至完全改变了这颗行星的形状，使其从球形变成了接近橄榄球的形状。

潮汐力

当引力源对物体产生力的作用时，由于物体上各点到引力源距离不等，所以受到引力大小不同，从而造成引力差，对物体有撕扯效果，这种引力差就是潮汐力。

潮汐加热

潮汐加热为受到潮汐力的拉扯变形，使得行星或卫星物质相互摩擦而加热的现象。

通过持续不断地改变行星的形状，这些潮汐力不仅会扭曲这颗行星的形状，还会在行星内部造成摩擦。这种摩擦产生的热量，则导致这颗行星膨胀。林潮教授说："这是第一次获得直接证据，证明行星内部加热（或者说'潮汐加热'）能够使这颗行星膨胀到目前的大小。"

研究人员说，尽管WASP-12b非常巨大，却面临着早早夭折的命运。事实上，过度"浮肿"正是其瓦解的诱因之一。由于体形过度膨胀，这颗行星已经无法在与主星引力的拉锯战中留住自身的物质。李抒璘解释说："WASP-12b以每秒约60亿吨的速率向中央恒星流失质量。以这个速率，这颗行星将在1,000万年里被中央恒星完全吞噬。这听起来似乎是一个很长的时间，但是对于天文学家来说，这个时间很短。这颗行星的寿命仅为地球目前年龄的1/450。"

从WASP-12b流失的物质不会直接掉入主星，而是在主星周围形成一个盘，盘旋着缓慢流入主星。对WASP-12b轨道运动的深入分析表明，这个盘中还存在另一颗质量较小的行星在扰动它的轨道。这颗行星很可能是一颗大质量的类地行星——俗称"超级地球"。

这个行星物质盘以及包含在其中的超级地球，都可以用现有的观测设施探测到。它们的性质将有助于我们进一步明确WASP-12b这颗神秘行星的历史和命运。

话题六

千奇百怪的"太阳"

太阳系的主星——太阳，照亮了整个太阳系。它为我们提供能量，使地球充满生机。而在太阳系外，有着数不清的恒星，它们大多数和我们的太阳并不相同。这些恒星有的单独行动，有的结伴而行；有的在恒星的摇篮中刚刚诞生，有的在生命的最后阶段绽放异彩。而大多数恒星正处于青壮年，持续地发出光和热，点缀着无垠的星空。

在黑洞周围造恒星

撰文：明克尔（JR Minkel）

翻译：刘旸

INTRODUCTION

黑洞周围的分子云会被黑洞的巨大引力统统撕碎？事实上答案并不这么绝对。在巨大的黑洞引力下幸存的分子云是恒星的诞生地，这些"勇气可嘉"的恒星环绕在可怖的黑洞周围。

在银河系中心的特大质量黑洞周围，环绕着一百多颗恒星，科研人员可能已经弄清了它们形成的原因。恒星形成于氢气分子云在整体引力作用下的坍缩中。但是，这样的分子云在特大质量黑洞周围，应该会被黑洞强大的引力撕碎，就如同落

黑洞

黑洞是爱因斯坦广义相对论所预言的一种超级致密天体。在黑洞的边界，即事件视界以内，任何物质和辐射一旦进入便无法逃脱。在理论上，黑洞有可能是在质量足够大的恒星演化末期，即在其核聚变反应的燃料耗尽之后，在自身引力作用下迅速坍缩而产生的。

入打蛋器中的颜料被溅开一般，根本没有机会形成恒星。

天体物理学家模拟了质量相当于1万颗太阳的氢气分子云突然接近黑洞的情形。尽管分子云的绝大部分会泼溅出去，但激波和其他扰动却可以把内层10%分子云的角动量消散掉。这些原料随即开始绕黑洞运行，从而给恒星的形成留出了时间。2008年8月22日的《科学》（*Science*）杂志公布了此项结果。

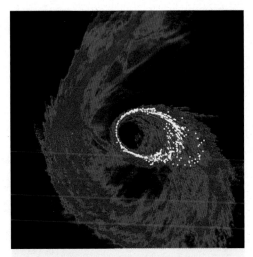

点燃恒星：黑洞周围的氢分子云（紫色）中，一些区域会相互碰撞并变得致密（红色和黄色），恒星即可在那里形成。

恒星诞生记

恒星的摇篮是星际云或其中的一片星云，其中的星际物质是主要由氢、氦组成的尘埃或气体。当这些星际物质的密度增加到一定程度、在一定机制作用下，它们将开始互相吸引，慢慢聚集在一起，同时温度也逐渐升高。一旦开始收缩，星际物质的密度就开始增大，并在引力的作用下坍缩得越来越迅猛，形成一个旋转的盘状物，将更多的气体和尘埃吸引进来，并继续升温。几十万至一百万年后，盘状物密度达到一定程度，在中心形成一个核心，即为原恒星。随着原恒星的不断升温，压力逐渐变大，当达到氢核与氢核的碰撞能够引起核反应的温度时，氢开始聚变，形成氦并释放能量。在其后的几百万年甚至上千万年中，物质继续进入新生恒星，当进入的物质质量足以使原恒星温度能够稳定维持聚变时，恒星就进入到它的青壮年，主序阶段。恒星一生的大部分时间都将处于这一阶段。

单星才是主流

撰文：明克尔（JR Minkel）

翻译：波特

I NTRODUCTION

曾几何时，人们认为天空中的星体大多都是成双成对的双星系统。然而近年来的研究成果却表明，单星系统才是浩瀚宇宙中的主流。由于大多数恒星不具有明亮的光芒，这一庞大群体的存在一度被人们忽视。

天文爱好者很早就从天文教科书中得知：夜空中3/5的光点都是成对舞蹈的星体，称为双星系统。3/5这个统计数字是20世纪初，人们利用功能并不强大的望远镜观测可见的恒星得到的。然而，在银河系中，明亮的恒星相对而言是稀少的，只占到恒星系统的15%~20%。在过去几年中，越来越多的高灵敏度的仪器观察到了红矮星系统，这种恒星系统更为暗淡，在宇宙中却更为普遍。到目前为止只发现1/4的红矮星系统是双星系统，这意味着天空中2/3的恒星系统都是单星构成的红矮星系统。哈佛史密松天体物理中心（Harvard-Smithsonian Center for Astrophysics）的查尔斯·拉达（Charles Lada）认为，这个新统计结果有助于研究人员理解恒星形成理论，他将把这项统计结果发表在即将出版的《天体物理学报通信》（*Astrophysical Journal Letters*）上。拉达说："用目前许多理论来解释单星系统的形成要容易得多。"

红矮星（艺术家想象图）是恒星中最普通的星体类型，多为单星。

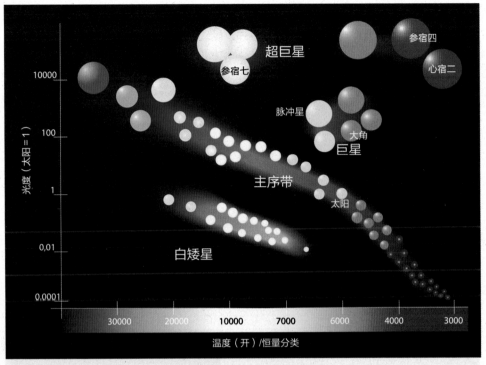

赫罗图：显示恒星序列性的光谱型与光度的关系图。

赫罗图与主序星

　　为了研究恒星演化，人们通常会用到描述恒星的光谱型与光度的关系图，即赫罗图。它是由丹麦天文学家赫茨普龙和美国天文学家罗素分别独立提出的。通过赫罗图我们可以了解一颗恒星的年龄和演化阶段。

　　恒星一生的大部分时间都处在因为核心的核聚变而发光的阶段，在这段时间里其核内发生氢聚变为氦的反应。在这一阶段的恒星称为主序星，也就是处于稳定时期的恒星。因此恒星的寿命，通常由以氢作为燃料的热核反应持续时间决定。太阳目前就是一颗主序星，它的热核反应可持续约100亿年。在赫罗图上，主序星分布在由左上角至右下角的主序带上，这里汇集了90%的恒星。在主序带的上方为巨星和超巨星，它们是从主序带移走的中晚年恒星；左下方是白矮星，它们是几乎燃烧殆尽的更低质量恒星，其中很多经历过红巨星阶段。由于主序星的光度比巨星和超巨星小，所以又叫矮星。根据主序星的光谱，可将其分为七大类：O、B、A、F、G、K、M，从O型到M型恒星的颜色从蓝过渡到红。

恒星的年龄之谜

撰文：约翰·马特森（John Matson）

翻译：高瑞雪

INTRODUCTION

老迈的恒星也许会因为偶然被错认为仍然青春年少而暗自窃喜，但岁月总会在它们身上留下痕迹。通过深入研究恒星年龄与其自转速率之间的关系，恒星的年龄将不再是秘密。

天上的星星在年龄问题上忸怩作态不肯明示，一颗古老的恒星经常会被错认为还很年轻。在寻找围绕着遥远恒星运行的宜居行星时，这给天文学家造成了不小的困扰，因为恒星的年龄关系到它所能支持的生命形式。

"通过研究我们自己的星球得知，如果恒星和行星是10亿岁，那么只有最原始的微生物可能存在，"在2011年5月召开的美国天文学会会议上，哈佛史密松天体物理中心（Harvard-Smithsonian Center for Astrophysics）的瑟伦·迈博姆（Søren Meibom）说，"也许是46亿岁吗？那好了，我们突然知晓，

这颗行星上可能充满了复杂的智慧生命。"

但是，正如迈博姆所提出的，"恒星们没有出生证"，它们的诸多视觉特征在生命周期的大部分时间里都保持不变。不过，有一个特征确实会变：随着时间的推移，恒星的旋转速度不断变慢。"因此，我们可以把旋转速度，即恒星的自转速率，当作计量恒星年龄的时钟。"迈博姆说。

不过，首先得有人在时钟上标出数字才行。研究人员已经算出了极年轻恒星的旋转速度与年龄之间的关系。迈博姆和同事正在测量年龄稍大一些的恒星的自转速率。如果他们可以计算出不同年龄层次中恒星年龄和旋转速率间的关系，那么估算恒星的年龄将会变得容易得多，"出生证"也就用不到了。

捕捉恒星爆炸瞬间

撰文：明克尔（JR Minkel）

翻译：刘旸

INTRODUCTION

紫外线为寻找超新星爆发提供了线索，科学家可以通过它的预报在爆发前锁定恒星，获取恒星的相关数据。

科学家观测到一颗恒星在发生爆炸之前，曾在紫外线波段中闪耀达数个小时。这一现象为超新星爆发前所能观测到的最早征兆。不断扩张的内部震荡波蓄势冲出恒星，由此造成温度激增，从而发出紫外辐射。因此，这些紫外线提供了最后的机会，使得人们能够在恒星灰飞烟灭之前捕捉它的相关数据。此前不久，科学家还首次目睹了激波撕碎恒星时发出的X射线。

超新星

超新星是爆发规模最大的变星。观测到的亮度有变化的恒星被称为变星，而超新星爆发规模极大，其爆发时光度骤然增加，通常能够照亮其所在的整个星系，持续几周至几个月才会逐渐褪去。这种爆发所释放的能量一般可达 10^{41}~10^{44} 焦，可使恒星全部或大部分的物质都被炸散。

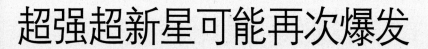

超强超新星可能再次爆发

撰文：明克尔（JR Minkel）
翻译：刘旸

INTRODUCTION

超新星爆发可谓最为激烈的恒星爆发，但新的发现打破了普通超新星的纪录：超强超新星爆发时的亮度可达普通超新星的100倍。这种爆发是在什么机制下产生的？科学家们给出了一种新模型来解释这种爆发，根据这一模型，爆发过的恒星还可能二次爆发。

2006年才为人所知的一颗超强超新星可能再次爆发。这颗超新星名为SN 2006gy，亮度是普通超新星的100倍，它的高能量状态可持续三个月之久。

研究人员以"电子对不稳定"机制来解释这种大规模爆发——恒星内部的高能伽马射线会转变成电子和正电子，将恒星用于维持内部压力的能量释放出去。恒星能量衰竭，过早坍缩，会释放大量能量，并发出强烈的光芒。天体物理学家认为，SN 2006gy的亮度变化恰好符合脉动电子对不稳定性模型。

根据这一模型，这颗质量相当于大约110个太阳的恒星会在点燃碳氧燃料之前，释放出几倍于太阳质量的物质，然后停止坍缩。大约7年后，电子对的不稳定性会使恒星第二次爆发，脉冲式地喷射物质。虽然释放出的物质较第一次有所减少，但速度却更快。研究细节请见2007年11月15日的《自然》（Nature）杂志。

大爆炸：近距离观察 SN 2006gy超新星（想象图）。

最大爆炸理论

撰文：迈克尔·莫耶（Michael Moyer）
翻译：谢懿

INTRODUCTION

恒星的总质量决定了恒星的演化和它的最后命运：比太阳大得多的恒星不会像太阳一样化为安静的白矮星，而是以剧烈的超新星爆发的方式壮丽收场。而新发现的一种爆发更为猛烈的超新星引起了天文学家的注意，这使得他们开始重新思考最大质量恒星的一生。

大约50亿年后，当太阳演化到生命终点时，它会蜕变成为一颗安静的白矮星。质量更大的恒星则会发生爆炸——也就是超新星爆发，这是宇宙中最剧烈的事件之一，引爆它需要恒星达到10倍以上的太阳质量。几十年来，天文学家一直怀疑存在一类更猛烈的恒星爆发——"对不稳定性"超新星（"pair-instability"

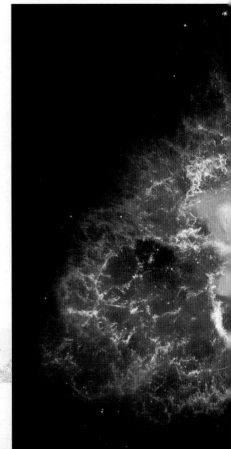

NASA的三台空间望远镜拍摄的超新星遗迹合成图。

supernova），它们释放的能量超过普通超新星100倍。几年前，两个天文学家小组终于找到了它们，重新界定了宇宙中的天体究竟能达到多大质量。

所有的恒星都依靠压强来对抗引力。当氢这样的轻元素在恒星核心发生聚变反应时，会产生向外推的光子，抵御向内拉的引力。在更大的恒星中，核的压强高到足以聚变氧和碳这样较重的元素，产生更多的光子。但是在质量超过100倍太阳质量的恒星中，情况会发生变化。当氧离子之间开始聚变时，释放出的光子能量极高，它们瞬间就会转变成正负电子对（electron-positronpairs）。没有了光子，就没有了向外的压强——恒星便开始坍缩。

接着会有两种可能性。坍缩会产生更大的压强，重新点燃足够数量的氧导致能量爆发。这一爆发足以炸飞恒星外部的包层，但无法形成完全的超新星爆发。同样的过程每隔一段时间就会重复一次——天文学家称其为"脉动"对不稳定性超新星，直到这颗恒星损失了足够多的质量，以普通超新星的形式终了它的一生。美国加州理工学院（California Institute of Technology）的罗伯特·昆比（Robert M. Quimby）领导的一个小组宣布，他们已经发现了一颗这样的超新星（SN 2006gy），并提交了一篇论文。

如果这颗恒星质量真的很大——超过130倍太阳质量，坍缩就会极快地进行并聚集大量的惯性，以至于连氧聚变也无法阻止

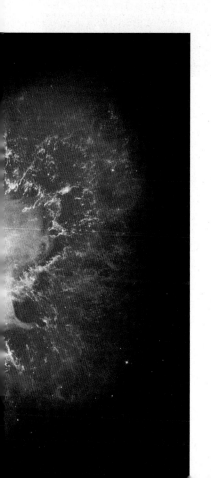

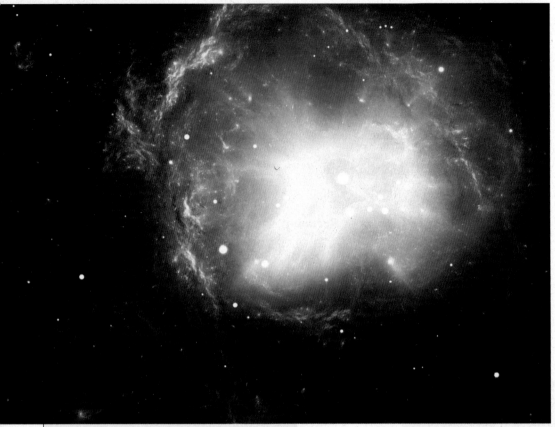

超新星爆发形成的星云。

它。在如此小的空间中产生出如此大量的能量，最终结果就是把整颗恒星炸碎，什么都不留下。用以色列雷霍沃特魏茨曼科学研究所（Weizmann Institute of Science in Rehovot）天文学家阿维谢伊·盖尔－亚姆（Avishay Gal-Yam）的话来说，这才是"真家伙、大手笔"。他的团队曾经在《自然》（*Nature*）杂志的一篇论文中宣布发现了第一颗完全爆炸的对不稳定性超新星（SN 2007bi）。

在这些发现之前，绝大多数天文学家认为，邻近星系中的巨大恒星在死亡前会抛射掉大量自身物质，因此无法形成对不稳定性超新星。这些说法正在被重新思量，因为这些最大的爆炸已经以壮观的方式宣告了它们的存在。

超新星的 "死亡伴侣"

撰文：凯利·奥克斯（Kelly Oakes）
翻译：王栋

I NTRODUCTION

如果白矮星在浩瀚的星海中拥有一颗供其吸取物质的伴星，它便不会孤寂地在沉默中灭亡，而是以一种更为壮丽的方式退出星际——超新星爆发。在双星系统中，白矮星伴侣的身份一度十分神秘。据分析，最新发现的一颗超新星伴星的身份很有可能是主序星。

白矮星是一种密度极高的、质量曾和太阳接近的老年恒星。当恒星演化成白矮星时，它生命中最壮丽的阶段已经结束了。在辐射了数十亿年的光和热后，它缓慢地释放着残余能量，慢慢冷却，直到最后一抹光辉消失。然而，一些白矮星并不甘心就此了却一生。

如果一颗白矮星属于一个双星系统，拥有一颗伴星的话，它就能避免默默消逝的宿命，而以一种更壮丽的方式谢幕———种特殊的恒星爆炸，被称为Ia型超新星爆发。Ia型超新星爆发由白矮星从它的伴星中吸取物质开始，它不断膨胀直到无法再变大。到那时，它就会发生向心内爆，紧接着以超新星的形式向外反弹爆发，产生的光足以照亮整个星系。

而在这一令人惊叹的过程中，那颗被白矮星掠取物质的伴星也扮演着重要角色。然而，这颗伴星的身份在很长时间里都是一个谜。理论模型认为，伴星可以是红巨星，也可以是太阳这样的主序星，也可以是白矮星。

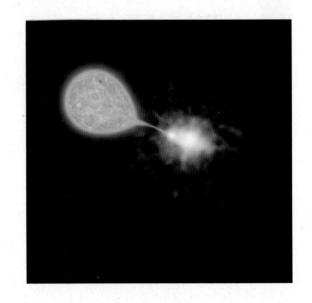

对于2011年发现的一颗Ia型超新星，天文学家已经能缩小它的候选伴星的范围。2011年8月24号晚上8时59分，"帕洛玛瞬变工厂"（Palomar Transient Factory，PTF）的一台位于美国加利福尼亚州帕萨迪纳观测台的望远镜发现了一个明亮的斑点。这颗新发现的、被命名为2011fe的超新星，打破了PTF的天文学家发现Ia型超新星的最快纪录：爆发后仅有11个小时。

2011年12月，研究人员在《自然》（Nature）杂志上发表了两篇论文，分析了对2011fe超新星的观测结果。其中一篇以美国劳伦斯·伯克利国家实验室（Lawrence Berkeley National Laboratory）和PTF的彼得·纽金特（Peter Nugent）为第一作者的论文提出，这颗超新星的伴星很可能是一颗主序星。在另一篇文章里，加利福尼亚大学伯克利分校（University of California, Berkeley）的李卫东（Weidong Li）等人排除了伴星是红巨星的可能。

利用位于夏威夷的凯克望远镜Ⅱ（Keck Ⅱ Telescope）的观测数据，李卫东确定了这颗超新星的位置。然后，他分析了哈勃空间望远镜在超新星爆发之前拍摄的照片，来寻找孕育这颗超新星的双星系统的线索。

超新星2011fe是许多年来发现的距离地球最近的Ia型超新星，由于现在的观测仪器已经有了长足的进步，它也将是历史上被研究得最充分的超新星。这两篇文章仅仅是一个开始。

搜寻超新星遗迹

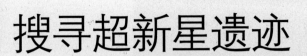

撰文：约翰·马特森（John Matson）

翻译：庞玮

INTRODUCTION

超新星爆发是宇宙中的突发事件，景象蔚为壮观。而Ia型超新星的爆发更为惨烈，因为这意味着一颗伴星将被吞食。Ia型超新星产生于白矮星核爆，在明亮耀眼的爆发背后却笼罩着一个谜题，爆发的动力来自何方，被吞食的伴星到底是何身份？

一颗Ia型超新星也许是施暴者与受害者的终极对立组合——一颗恒星从伴星那里窃取物质，达到临界质量，进而变得不稳定，最终释放出强大的核爆冲击波，足以将那可怜的受害者化作齑粉。

上述这些场景中施暴者的身份很明确：Ia型超新星爆发中，发生突然爆炸的是名为白矮星的小而致密的恒星。但是那个受害者的身份却一直是个谜。一直以来，科学家相信这些受害者都是像太阳那样的主序星，或是蓬松的红巨星。然而最近的一些研究却指出，出于某些我们目前知之甚少的机制，在这些惨剧中的主角可能大多是一对白矮星，其中一个将其同伴吞食，然后自己爆发成超新星。

2012年9月27日发表在《自然》（Nature）杂志上的一项研究支持后一种看法，并断言从主序星或红巨星演变而来的Ia型超新星只占少数。加那利群岛天体物理研究中心

超新星SN 1006遗迹。

（Astrophysics Institute of the Canary Islands）的乔奈·冈萨雷斯·霍尔南德斯（Jonay González Hernández）和同事对Ia型超新星SN 1006爆发中的受害者展开了搜寻，结果什么也没找到。这种伴星遗迹的缺失似乎将大型恒星排除在受害者名单之外，因为如果伴星是大型恒星，其核心应该能躲过劫难，遗留下来成为可观测的证据，而白矮星伴星则不会留下任何痕迹。结合其他一些对超新星伴星遗迹基本上徒劳无功的搜寻工作，研究人员推测，只有不到20%的Ia型超新星符合经典假设中的场景。

美国加利福尼亚大学圣巴巴拉分校拉斯昆布瑞天文台全球望远镜网络（Las Cumbres Observatory Global Telescope Network in Santa Barbara, Calif.）的天文学家安德鲁·豪厄尔（Andrew Howell）认为，20%的估计"过于夸大其辞"。他说，一颗比太阳稍小的普通恒星也不会留下任何可观测的痕迹，这么看来它也适合充当超新星SN 1006的伴星。

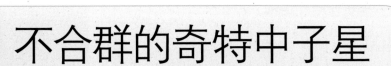

不合群的奇特中子星

撰文：马克·阿尔珀特（Mark Alpert）
翻译：谢懿

INTRODUCTION

卡尔韦拉是科学家新发现的一颗中子星，它与以往发现的中子星的光谱相似，但在其他方面则特立独行：据观测，卡尔韦拉的银纬坐标相较于其他中子星要高，飞离银河的速度也快于其他中子星。目前，科学家们仍在努力解释卡尔韦拉为何如此有个性。

我们的银河系中散落着大量死亡恒星的遗骸。在生命的最后时刻，绝大多数恒星会抛掉它们的外部包层，收缩成密度很高、个头却只有地球大小的白矮星（white dwarf）。但是大质量恒星会以超新星爆发的方式，给自己的一生画上句号，留下一颗更为致密的中子星。中子星的直径只有20～40千米，质量却可以超过太阳。（质量更大的恒星最终会演化成黑洞。）从20世纪60年代开始，天文学家们就观测到了大量的中子星，包括高速旋转的射电脉冲星和吸积伴星物质的X射线双星。2007年8月，科学家宣布新发现了一颗中子星，这可能是迄今发现的最年老的中子星，它在小熊座（Ursa Minor）中孤零零地辐射出X射线，似乎与以前观测到的中子星都不太一样。

中子星

大质量恒星在演化晚期，发生超新星爆发后，核燃料耗尽，核心在引力作用下坍缩，形成主要由中子组成的稳定星体——中子星。中子星是一种依靠简并中子产生的压力来对抗引力，使压力与引力相平衡的致密星，密度极大但体积很小。

脉冲星

脉冲星是一种快速自转中子星，可有规则地发射毫秒至百秒级的短周期脉冲辐射，通常有10^7~10^9T的强磁场。若短周期脉冲辐射在射电波段发射则为射电脉冲星，其辐射波段通常为毫秒至秒级。毫秒脉冲星则指脉冲周期仅为毫秒量级的脉冲星。

长期以来，科学家对中子星都兴趣十足，因为它们可以帮助科学家研究极端条件下的物理规律。它们的强大引力可以把电子压入质子，从而形成中子；在中子星核心，引力甚至能够把中子压碎成夸克（quark）。为了更好地了解中子星的形成与演化，一些研究人员专注于研究孤立中子星——这种中子星，已经从造就它们的超新星爆发所产生的遗迹中脱离了。过去10年来，天文学家利用德国的ROSAT空间望远镜，通过检测X射线辐射，已经发现了7颗这样的中子星，但没有一颗能够像脉冲星一样发出射电辐射。这7颗中子星以20世纪60年代的经典电影《七侠荡寇志》（*The Magnificent Seven*）中7位主角的名字来分别命名，它们距离太阳都比较近（大都不超过2,000光年），年龄也不算大（不超过100万年）。

麦吉尔大学（McGill University）的罗伯特·拉特利奇（Robert Rutledge）、宾夕法尼亚州立大学（The Pennsylvania State University）的德里克·福克斯（Derek Fox）及安德鲁·舍夫丘克（Andrew Shevchuk）在使用ROSAT数据寻找其他孤立中子星的过程中，在一片没有普通恒星的天区中发现了一

个X射线源。空间和地面望远镜所作的进一步观测显示，这个天体的光谱与"七侠"十分相似。但是，新发现的天体又和其他孤立中子星有着较大的差异，因此研究人员最终用电影中的反派角色卡尔韦拉（Calvera）为它命名。卡尔韦拉的银纬坐标高得出奇：从地球上看过去，这颗中子星位于银盘上方30度左右。（银经和银纬是以银河系为参考系的空间坐标，银河系内大多数恒星位于一个盘面之中，中子星也大都位于这一银盘面上，银纬一般为0度左右。）如果卡尔韦拉的物理特性与其他孤立中子星一样，它到地球的距离就是25,000光年，到银盘的距离为15,000光年。

这样的距离使得卡尔韦拉恰好位于银晕（Galactic halo）之中。银晕是包裹银河系的一个弥散球状区域。中子星不可能在银晕中形成，因此研究小组怀疑，卡尔韦拉可能是在诞生时，受到强烈的冲力而被抛出银盘的。但是，如果真像模型预言的那样，卡尔韦拉形成时间不到100万

夸克

构成质子、中子这一类强子的更基本粒子被称为夸克。

年，那么它飞离银河系的速度就会超过5,000千米／秒，比其他所有中子星的速度都要快。

这些问题使得科学家重新考虑了卡尔韦拉的归类。他们推测，卡尔韦拉也许是一颗毫秒脉冲星。这种中子星通过吸积伴星物质使自转加速，自转周期可以达到毫秒量级。对于卡尔韦

艺术家描绘的孤立中子星，磁力线环绕着这个极端致密的恒星残骸。

拉而言，它的伴星也许在很久以前就被它彻底吞噬了。如果这个假设正确，卡尔韦拉到地球的距离就会近得多，介于250～1,000光年之间，一跃成为距离最近的中子星。但是，当研究人员把射电望远镜对准它的时候，他们并没有探测到卡尔韦拉发出的任何超高速脉冲辐射。福克斯说："这无疑使卡尔韦拉变得更加神秘。"这些研究人员正计划用更多的观测来辨明它的性质。同时，他们正着手研究其他10个孤立的X射线源，或许它们也会让科学家困惑不解。

老电影——《七侠荡寇志》

《七侠荡寇志》（*The Magnificent Seven*），又译作《豪勇七蛟龙》，改编自黑泽明的《七武士》，是好莱坞集合众多动作片演员拍摄的一部西部电影，于1960年上映。

影片讲述了墨西哥的一个小镇屡屡遭到强盗抢劫，万般无奈之下镇民找寻枪手来保卫家园。最后共有七名充满正义感而且身怀绝技的勇士来到村庄，力战一百多名强盗，最终将他们歼灭。而七名勇士中的四名也为了村子的和平献出了宝贵的生命。

话题七

宇宙空间的隐形"居民"

在浩瀚无垠的宇宙，居住着数不清的天体，它们构成各式各样的星系。要想了解它们可没有那么容易——除了距离遥远不说，它们中的大部分还不可见。不过有一定质量的物质都会产生引力，所以虽然物质本身不可见，但只要引力使光线发生了偏折，人们还是会注意到。人们将这些不可见的物质称作暗物质。除了暗物质，在一些星系的中心，还隐藏着一种预言中的天体：黑洞。它吞噬一切物质，包括光。不过即使难以观测，科学家们还是想出了各种办法来了解它们，许多大型望远镜更是帮了科学家们大忙。无论在观测上还是理论上，我们对神秘的暗物质和黑洞的了解都在不断加深。

发现暗物质

撰文：戴维·别洛（David Biello）
翻译：王雯雯

I NTRODUCTION

广袤的宇宙中是否存在暗物质呢？尽管我们无法亲眼目睹，但是借助两个星系团的碰撞事件，科学家们找到了确凿的证据。

暗物质（dark matter）是无法被看到的物质。理论上，宇宙中绝大多数物质都以暗物质的形态存在。两个星系团的一次碰撞事件，为暗物质的存在提供了迄今为止最佳的证据。钱德拉X射线天文台（Chandra X-ray Observatory）拍摄到的图像显示，较大的星系团从较小的星系团中拖曳出一团清晰可辨的物质，该物质以高温等离子体的形式存在。理论上讲，碰撞应该将等离子体与暗物质

等离子体

气体被加热到很高的温度或被辐射后，原子可能会被电离。原子呈电离态后，整个气体将成为带正电的离子和带负电的电子所组成的集合体，而且正负电量相等，这就叫做等离子体。等离子体是宇宙中可见物质最常见的一种状态，太阳和其他恒星的表面气层等都是等离子体。

　　"子弹星系团"，由两个星系团碰撞产生，为暗物质的存在提供了确凿的证据。

分离开来。科学家还测定了光线穿透碰撞星系团的各个部分时由于引力透镜效应（gravitational lensing）而引起的光线弯折程度——弯折程度越大，则该区域的引力越强。科学家们发现，那团等离子体并不能产生最强烈的引力透镜

引力透镜效应

　　在引力场源的作用下，经过其附近的光线会发生偏折所产生的会聚或多重成像效应。由于该引力作用类似于透镜，因此被命名为引力透镜效应。它是目前探测暗物质的最有效手段。

效应，这表明其他一些不可见的物质才是导致光线弯曲的主要原因。该研究结果发表于2006年9月10日的《天体物理学报通信》（*Astrophysical Journal Letters*）上，其中并没有说明暗物质具体是什么，但该发现的确给那些改写传统引力的激进理论泼了一盆冷水——天文学家发现，星系团中观测到的物质不足以解释观测到的引力，大部分人将原因归咎于暗物质的存在，也有一些激进的理论学家认为，在数万光年的距离上，引力不再与距离保持平方反比关系。

划时代的钱德拉X射线天文台

　　1999年，钱德拉X射线天文台由美国国家航空航天局（NASA）发射，开始观测充斥着X射线的太空。钱德拉X射线天文台原名高新X射线天体物理台（AXAF），为纪念诺贝尔物理学奖获得者、美籍印度裔天体物理学家苏布拉马尼扬·钱德拉塞卡（Subrahmanyan Chandrasekhar）而于发射前更名。钱德拉X射线天文台由哥伦比亚号航天飞机搭载升空，运行在一条椭圆轨道上，在轨期间由史密松天体物理台（Smithsonian Astrophysical Observatory）负责操控和运作。这颗X射线天文卫星将对星系、类星体和恒星等进行探测，并努力寻找宇宙中的黑洞和暗物质。它兼具极高的空间分辨率和谱分辨率，在X射线天文学上具有里程碑式的意义，标志着X射线天文学从测光时代进入了光谱时代。

暗物质催生特大黑洞

◆ 撰文：蔡宙（Charles Q. Choi）
◆ 翻译：庞玮

INTRODUCTION

特大黑洞是如何在短时间内形成的？这个疑问一直以来都没得到解答。根据科学家们的猜测，答案有可能是暗物质。他们提出，暗物质可以为暗星提供能量，而这些暗星的直径可达太阳的20万倍，特大质量暗星最终会坍缩成巨型黑洞。

质量超过太阳10亿倍的黑洞藏身于很多星系的中心，驱动这些星系旋转和演化。在大爆炸之后大约137亿年的今天，这是宇宙中常见的景象。而在早期宇宙中，这样的特大质量黑洞（supermassive black hole，SMBH）非常罕见，或者说按理应该非常罕见，因为按照现有的恒星演化理论，黑洞需要非常长的时间才能长成如此庞然大物。然而证据表明，这类特大质量黑洞在大爆炸后最多经过了10亿年就已经存在了，这着实难住了科学家。现在这个谜团似乎可以解开了，关键要靠一种神秘物质——暗物质。

由数十亿恒星、星际介质的气体及灰尘组成的星系。

早期宇宙特大质量黑洞之谜在2003年初见端倪，当时斯隆数字化巡天（Sloan Digital Sky Survey，SDSS）发现了五六个这样的黑洞。按照常规思路，大爆炸后大约2亿年诞生了第一批常规的恒星。但考虑到当时宇宙的状态，这些恒星至多形成100倍于太阳质量的黑洞，根本就没有足够长的时间让这些黑洞合并成年龄仅有10亿岁、质量却有太阳10亿倍的庞然大物。

美国密歇根大学安阿伯分校（University of Michigan, Ann Arbor）的理论物理学家凯瑟琳·弗里兹（Katherine Freese）及其同事认为，暗物质或许能解决这个让人头疼的问题。虽然看不到暗物质，但通过它施加的引力影响，我们已经证明它们确实存在，并且它们至少占到宇宙中物质总量的80%。不过，对于暗物质到底由什么构成，科学家仍没有答案。在诸多猜测中，最有希望的候选者是被称为中性微子（neutralino）的弱相互作用大质量粒子。中性微子能在相互碰撞时湮灭，释放出热、γ射线、中微子，以及正电子和反质子之类的反物质粒子。

弗里兹及其合作者对年龄仅有8,000万到1亿年的早期宇宙进行了计算，此时原恒星气体云正要冷却收缩，它们的引力应该会把中性微子吸引进来并相互湮灭，释放出的能量应该可以点亮第

一批"恒星"。这些"恒星"不像普通恒星那样以核聚变为能量来源，而是由暗物质湮灭提供能量，因此被弗里兹等人称为"暗星"（dark star）。

弗里兹小组的初步结果暗示，暗星的体积会让常规的恒星"自惭形秽"，因为暗星无须像常规恒星那样，为了挤压原子核使之聚变而维持高密度，所以它们可能极为蓬松，最大可达太阳直径的20万倍。科学家还预测暗星较低的表面温度能让它们成长到1,000倍太阳质量，相比之下，现有恒星的质量上限仅有大约150倍太阳质量。

弗里兹及其同事估计，暗星成长到10万倍太阳质量以上，才会耗尽燃料开始坍缩。他们重新分析了中性微子流入暗星被原子捕获的频率，得出了新的结论：暗物质粒子提供燃料驱动暗星成长的时间比原先的预期要长得多。他们将分析结论投稿给了《天体物理学报》（*Astrophysical Journal*）。

超大质量暗星耗尽暗物质之后会收缩并触发核聚变，以常规恒星的形态继续存在大约100万年。这些恒星不会发生超新星爆炸，用弗里兹的话来说，这是因为"它们太大了"。相反，它们会直接坍缩成同等质量的黑洞。几个这样的黑洞并合在一起，就可以在大爆炸后10亿年内形成巨型黑洞。

超大质量暗星应该会比太阳耀眼10亿倍，温度则维持在太阳的水平上，散发出黄色的星光。弗里兹希望，预计于2014年发射升空的韦布空间望远镜（James Webb Space Telescope）能够看得足够远，从而检测到这些蓬松的庞然大物。今天的宇宙里不太可能再有暗星形成，因为如今暗物质的平均密度仅有当年暗星形成期的1/8,000，那时的宇宙要比现在致密得多。

并不是所有人都买暗星的账。美国密歇根州立大学（Michigan State University）的天体物理学家布莱恩·奥谢（Brian O'Shea）认为，这个理论建立在对暗物质的属性做了过多假设的基础之上。他举例说，暗物质也可能由轴子（axion）构成，这是理论上存在的另一种不可见粒子，轴子间不会相互湮灭，因而也就无法形成暗星。

不过，美国得克萨斯大学奥斯汀分校（The University of Texas at Austin）的天体物理学家保罗·夏皮罗（Paul R. Shapiro）认为，暗星"是从一个合理的暗物质模型推导出的合理结果"。如果科学家真的找到了暗星，它们不仅能帮助我们解释那些黑洞，还能提供关于暗物质构成的线索。奥谢则评论说："如果暗星真的存在，那它们肯定冷得令人难以置信。"

雄心勃勃的斯隆数字化巡天

斯隆数字化巡天堪称天文学史上最具雄心和影响力的天文观测项目之一。通过使用新墨西哥州阿帕奇波因特天文台的一台专用2.5米口径望远镜，它已经深化了我们对宇宙一些基本问题的认识。自从2000年启动以来，该项目已经进行了三个阶段：第一阶段（SDSS-I）从2000年持续到2005年；第二阶段（SDSS-II）从2005年到2008年；第三阶段（SDSS-III）于2008年夏季启动，计划持续到2014年。经过三个阶段的运行，它已经获取了超过全天四分之一的深度多色图像，并创建了包含93,000个星系、超过120,000个类星体在内的三维天图。通过对大量星系、类星体、恒星等天体的观测，斯隆数字化巡天将绘制出迄今最精确的宇宙结构图，为科学家研究星系在宇宙中的分布、测定宇宙的基本特性、寻找宇宙中最遥远的天体提供数据支持。

黑洞视界

◆ 撰文：明克尔（JR Minkel）
◆ 翻译：周俊

I NTRODUCTION

看不到黑洞内部的情况怎么办？还好，即使如此我们也有
办法看清它。通过捕捉黑洞后面的光产生的阴影，望远镜可以
超越黑洞束缚光的边界，获得其清晰的图像。

望远镜永远窥视不到黑洞的内部情况，但是，它们也许很快便
能把事件视界——黑洞的边界，在这个边界内光被永久地束
缚住——展现出来。事件视界将吸收来自黑洞后面的光，所产生的

射电望远镜。

银河系中心黑洞可能看起来就像这个模型。中间明亮的区域就是视界，吸收它后面的光，产生了一个阴影（暗盘），由于黑洞一直在转动，所以它是倾斜的。

阴影在望远镜分辨率足够高的情况下是可见的。阴影周围是明亮的聚光环，这个光环就像日食光环一样。最近，天文学家使用甚长基线阵，即一种由10个射电望远镜组成的8,000千米宽的系统，获得了一个天体的清晰图像。据推测，该天体就是银河系中心黑洞。2005年11月3日《自然》（*Nature*）杂志发表的述评认为，这种望远镜的分辨率很有可能在10年内提高4倍，从而看清事件视界。

时空皱痕揭秘黑洞自转

撰文：明克尔（JR Minkel）
翻译：张旭

INTRODUCTION

静默了多年的黑洞突然闪光，研究人员们有机会再次观测到黑洞体系发出的振动模式。而得到的结果令研究人员兴奋：这与多年前探测到的振动模式一致。这意味着探测到的基本频率可能代表黑洞的一种基本属性，也许有助于测量黑洞的自转速度。

一个已于20世纪90年代中期便不再活跃的黑洞突然闪光，证实了一种假设。此假设可用来估算黑洞自转快慢，而自转正是黑洞最重要的两个属性之一（另外一个是黑洞的质量）。物质围绕黑洞积聚时，会垂直于运动轨道，如灯塔般辐射光线。黑洞的质量和自转，可以将周围的时空犁出沟槽。这些沟槽使得物质轨道发生抖动，继而在物质的辐射中产生附加波动。

1996年，一个名为GRO J1655-40的黑洞系统发出X射线振动模式，暗示存在这样的沟槽。而在持续了几个月之后它又静默下来。2005年，来自伴星的气体再次进入这个黑洞的沟槽，使研究人员得以观测这个再次活跃的系统超过8个月。的确，他们

伴星

在由2颗恒星组成的双星系统或由3颗至大约10颗恒星组成的聚星系统中，较难观测到的子星通常称为伴星。

　　旋转进入黑洞的物质产生光束。在GRO J1655-40黑洞体系内，物质继续着9年前的运动模式。

观测到了同样的振动模式。美国麻省理工学院（Massachusetts Institute of Technology）的杰伦·霍曼（Jeroen Homan）说，9年之后探测到同样的频率，这意味着我们观测到的东西是一种基本属性，而不是某种气体幻景。他的研究小组在2006年1月9日的美国天文学会年会（American Astronomical Society）上，报告了这个结果。

　　目前，这个研究小组正在试图确定，分解这些基本频率是否能够更好地测量黑洞自转快慢。

霍金也许是对的

◇ 撰文：约翰·马特森（John Matson）
◇ 翻译：庞玮

I NTRODUCTION

相比于笼罩在各种光环下大名鼎鼎的霍金，他的重要预言霍金辐射却被公众淡忘了。但科学家们从未停止探索的脚步，一群意大利科学家就通过在实验室里再现"事件视界"，观测到了与霍金的预言相符的结果，但他们观测到的是否就是霍金辐射目前还无法确定。

1974年，斯蒂芬·霍金（Stephen Hawking）预言，黑洞的外边缘会释放出微弱的粒子流，形成所谓的霍金辐射。该理论不仅确立了霍金顶尖科学家的地位，而且为他成为公众瞩目的明星铺平了道路。看看他那些频频引发话题的畅销书，还有在著名动画片《辛普森一家》里的客串演出，其受关注程度可见一斑。在各种光环的笼罩之下，大家只知道霍金辐射是与黑洞相关的神秘现象，而最初的那个理论却被人们，至少是被公众淡忘了。微弱的霍金辐射从未在天文观测中被证实，研究者也未能在实验室中产生这种效应。

现在，一群意大利科学家打算另辟

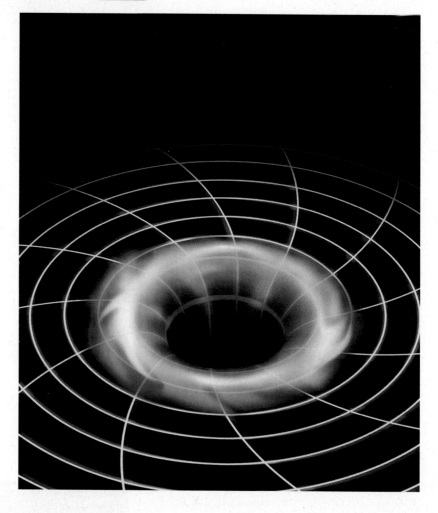

蹊径，来检验霍金的预言。他们用一块玻璃再现了黑洞的"事件视界"（event horizon）。一旦进入事件视界，任何事物都无法逃脱，即便以光速运动也是枉然。霍金却认为，正是在这个边界上会有辐射产生。他的推理是：既然普通物质和光都能被吸入事件视界，那么不断产生又消失的虚粒子应该也难逃厄运；这些虚粒子是借由量子规律从真空中成对产生的短命鬼，在宇宙中的绝大多数地方，虚粒子对都转瞬即逝，很快又湮灭于真空之中；但在黑洞事件视界边缘，虚粒子对中的一个粒子可能坠入事件视界，留下另一个粒子以辐射的方式逃离黑洞。

意大利因苏布里亚大学（University of Insubria）的物理学家达尼埃莱·法乔（Daniele Faccio）和同事一起，在一块两厘米长的熔融石英玻璃器件中制造出了事件视界。选用这种玻璃是因为，在强激光脉冲的照射下，脉冲点周围的光速会被减慢，甚至可以降低到零，于是在脉冲点周围就形成了一个事件视界，并随着脉冲一起运动，任何光子都无法穿透这一事件视界。如果在接近这个事件视界的地方有一对虚光子产生，其中一个光子就有可能被运动的事件视界扫除，另一个光子则得以逃逸，二者无法相遇湮灭而重归真空。法乔等人在实验中记录到了从玻璃中向外射出的光子，平均每100个脉冲就有一个此类光子出现，而且所有特征都与霍金预言的辐射相吻合。他们已经将实验结果发表在了2011年出版的《物理评论快报》（*Physical Review Letters*）上。

对于如何解释这些观测结果，物理学家仍有分歧。苏格兰圣安德鲁斯大学（The University of St Andrews）的乌尔夫·伦哈特（Ulf Leonhardt）认为，该实验的确是人类第一次观察到霍金辐射。其他人则不那么确定。美国马里兰大学（University of Maryland）的西奥多·雅各布森（Theodore A. Jacobson）说，他更倾向于相信另一个研究组最近公布的结果——他们在流水中观察到了霍金辐射的非量子对应物。他指出，法乔的小组尚不能确定光子是在事件视界边缘成对产生的。法乔自己也提到："我们所用的玻璃块是个庞然大物，我们没办法确定另一个光子最后去了哪里。" 不过，作为人工事件视界实验方案的提出者，伦哈特眼下也在研究同样的现象。他采用了尺度较小的光纤，能够将两个光子全都检测出来，这样就能确定它们是否源于一处。法乔说："只要他的实验一出结果，所有的争论都将尘埃落定。"

从黑洞中挽救数据

撰文：明克尔（JR Minkel）
翻译：刘旸

I NTRODUCTION

　　黑洞吞噬的数据可能会以霍金辐射的形式泄漏出来，而且如果黑洞的寿命过半，那用不了太久数据就可通过分析得到恢复。

并非所有被黑洞吞噬的东西都会消失；数万亿年后，被吞噬的数据可能会以霍金辐射的形式泄漏出来。一项最新分析指出，数据的恢复过程可以比原先认为的更快。设想爱丽丝把一些量子比特抛入一个相对年轻的黑洞；鲍勃要等到黑洞寿命过半，才能获得足够的霍金辐射来重构这些比特。不过，如果爱丽丝等到黑洞寿命过半才抛出这些比特，而且鲍勃在此前已经让自己的一些比特与爱丽丝的发生纠缠，让它们可以跨越任何距离仍然联系在一起，情况就大不一样了。

　　爱丽丝扔出去的比特会把纠缠传递给黑洞向外发射的霍金辐射。鲍勃只要在爱丽丝扔出比特之后，抓住几个比特的霍金辐射，再让它们与自己的比特混合，就可以从理论上重构出爱丽丝的比特。鲍勃抓住的辐射粒子，数量只需要比爱丽丝扔出去的比特多10%；考虑到黑洞每秒可以发射多达1,000个比特的霍金辐射，鲍勃用不了太久就能恢复被爱丽丝丢进黑洞的数据。

比 特

　　比特是信息量的度量单位，指二进制中的一位所包含的信息量。

宇宙航行面临重重考验

太空中充满了未知，也充满着无穷魅力。在广阔无垠的宇宙中，也许存在某颗与地球类似的星球，适合人类居住；也许在某颗遥远的星系中，隐藏着一颗居住着外星生命的星球，等待人类造访。太空吸引着充满勇气和智慧的人们去探索，但种种困难也等待着人们去解决：越来越多的太空垃圾如何清理？在漫长的星际旅行中，宇航员的食物靠什么来提供？如果向地球以外的星球移民，最早的开拓者怎么提炼外星球的资源来维持生活？不要以为这些都是天方夜谭，很多人已经在认真解决这些问题，为太空旅行做准备了。

太空撞车

撰文：约翰·马特森（John Matson）
翻译：蒋青

INTRODUCTION

随着绕地轨道上的卫星数量的增加，在太空中发生"撞车"事故也就不足为奇了。但我们不能对事故造成的后果掉以轻心，因为事故中产生的碎片可能会对宇航员的安全造成威胁。

2009年2月，西伯利亚上空790千米的卫星轨道上，发生了一起太空"撞车"事故：俄罗斯的卫星与美国铱星通讯公司的卫星相撞了。考虑到绕地轨道上的卫星数目，这起事故并不完全出人意料。在此以前的20多年间，已经发生过3起类似事件，但情况都不算严重，产生的碎片也极少。这次"撞车"却留下了上百块卫星残骸，有些碎片还向下飘移，降到了与国际空间站相同的轨道高度。尽管相撞几率很小，但这些碎片还是可能给国际空间站里的宇航员造成严重威胁。

太空垃圾密集 威胁空间探索

撰文：约翰·马特森（John Matson）
翻译：王栋

INTRODUCTION

太空垃圾是人类探索宇宙所带来的不受欢迎的"副产品"，它们可能破坏航天器，甚至威胁宇航员的生命。美国科学家正在建造代号为"太空护栏"的雷达系统用以监测太空垃圾。

自从人类进入太空时代，在历次空间探索中，丢弃在绕地球轨道空间的杂物越来越多，包括使用过的火箭助推器、失效卫星、丢弃的工具等。这些逐渐增多的废弃物个个速度飞快，足以威胁到以后的空间探索行动。

2011年9月，美国国家研究委员会（National Research Council）在一份报告中指出，太空"垃圾场"的密度之大，已经达到了同一轨道上的垃圾会发生碰撞的程度，而碰撞会导致更多更快的垃圾碎片四散纷飞，并脱离原轨道。该报告预测，太空垃圾的数量将会呈指数增长。

太空垃圾

太空垃圾是宇宙空间中除正在工作着的航天器以外的人造物体，包括现代雷达能够跟踪的体积比较大的物体（如报废的卫星）、体积较小不易被发现的物体和核动力卫星及其产生的放射性碎片。这些残骸和废物有意无意地被遗弃在太空中，是潜在的"肇事者"。

被太空垃圾击中的卫星表面。

在绕地球轨道上，已有数百万块直径超过5毫米的太空垃圾成群结队地高速运动，每一块都具有足以击毁一颗人造卫星的动能。更危险的是，它们会威胁到宇航员的生命安全。2011年6月，国际空间站上的6名宇航员就曾因为一片太空垃圾距离空间站过近——仅有几百米——而进入逃生舱躲避。

现在，美国正在采取初步措施，部署更好的追踪系统来应对太空垃圾的威胁。美国空军计划耗资60亿美元，建造一个代号为"太空护栏"的雷达系统，将绕地球轨道上的大多数太空垃圾纳入监测之中。该系统预计在2017年投入使用。

根据计划，"太空护栏"系统将由两座位于南半球的雷达站构成，它将取代目前使用的、建造于上世纪60年代的雷达系统。目前的这个雷达系统在甚高频波段运行，而"太空护栏"将使用波长更短的S波段雷达，具有更高的分辨率，可以更好地追踪太空垃圾。"波长越短，能追踪到的太空垃圾就越小。"美国雷神公司（Raytheon）"太空护栏"项目的负责人斯科特·斯彭斯（Scott Spence）说。雷神公司和洛克希德·马丁公司（Lockheed Martin）正在为获得美国政府的采购合约而竞争。现在的太空垃圾目录中，最小的是垒球大小的碎片。不过斯彭斯表示，即使是在较低轨道上运行的、小如弹珠的太空垃圾，"太空护栏"系统应该也能追踪到。

"太空护栏"以及其他一些规模较小的项目，都是为了提高军方对空间环境的了解。然而，如何才能将这种"了解"的水平提高，上升到真正能够采取行动——即清除太空垃圾的水平，人们依旧毫无头绪。

太空垃圾有多危险？

撰文：约翰·马特森（John Matson）
翻译：王栋

INTRODUCTION

随着太空垃圾不断增多，人们开始担心它们坠落到地球上会引起伤亡事件。太空垃圾学家认为我们不必过度担忧，研制航天器不会选用坠落时不能完全烧毁的材料，研发人员还将利用相关技术引导废旧的航天器坠入海洋。

2011年，两颗报废卫星在一个月内相继坠回地面，曾是众多新闻媒体热炒的话题。我们不禁想问：这会成为常态吗？毕竟，绕地球轨道上确实有大量的太空垃圾，并且它们终有坠回地面的一天。目前，美国国家航空航天局（NASA）和许多航天机构都要求，一旦卫星达到使用寿命报废之后，就要尽快引导其坠回地面，减少在轨道上与其他物体碰撞的可能。那么，我们多久会遇到一次卫星坠落？我们需要担心自己被砸死这一小概率事件吗？在与NASA的顶尖太空垃圾学家通过电话后，这些问题被弄清楚了，而且让我再次确信，我们还没有进入天降"太空垃圾暴雨"的时代。

但是，我们还是来回顾一下这两次坠落事件。2011年9月，报废的NASA高层大气研究卫星（Upper

高层大气研究卫星

高层大气研究卫星是1991年9月从发现号航天飞机上发射的科学探测卫星。它以探测地球大气为目的，具体任务包括：监测臭氧层中的臭氧和化合物浓度；监测平流层的风力、温度；监测到达地球的太阳辐射能量。

Atmosphere Research Satellite，UARS）开始向地球大气层坠落。
UARS的坠落是不受控的，这意味着NASA和美国军方只能推测其
残骸的坠落地点。最后，UARS对人们还算照顾，独自坠落到了偏
远的南太平洋海域，并未带来任何损害。仅过了一个月，体积小些
的德国ROSAT太空船步其后尘，在孟加拉湾回到了地球的怀抱，
这次坠落也没有造成任何损害。

　　这两次事件证实，此类事件并不罕见。无论是废弃的太空船、
火箭部件，还是其他太空任务的副产品，这些太空垃圾碎片每天都
会或多或少地从轨道上坠落。谈到UARS吸引了众多眼球的原因，
NASA研究地球轨道垃圾的首席科学家尼古拉斯·约翰逊

（Nicholas Johnson）表示，"这是因为它是过去30年里，以不可控方式坠落的最大的人造天体。"其实从结构上说，ROSAT坠落的潜在风险更大。

但是，在属于其他宇航机构的太空垃圾中，差不多每年都会有一个与UARS差不多大小的东西从轨道上坠落，与ROSAT尺寸接近的太空垃圾甚至坠落得更多。数十年来，地球轨道上的太空垃圾在不断坠落，而真正对人们造成影响的少之又少，这是因为地球表面大部分都是海洋或荒无人烟的土地。"人造天体重返大气层是极其常见的。"约翰逊说。并且，从UARS发射时起，就已经有相关规定出台来确保人们的安全。目前，工程师在建造航天器时，都会加入"死亡设计"，也就是剔除那些在坠落时无法被完全烧毁的材料。

约翰逊和同事掌握NASA在绕地球轨道上全部设备的清单，并已估算了这些设备坠回大气层的时间。名单里的两个大家伙是哈勃空间望远镜和国际空间站，为它们制定的计划是：当它们的寿命走到尽头时，它们将在推进器引导下坠入海洋。

"功勋卓著"的哈勃空间望远镜

哈勃空间望远镜于1990年发射，以天文学家爱德温·哈勃命名，是环绕地球运行的空间望远镜。由于它运行在地球的大气层之外，影像不会受到大气湍流的扰动，与地面望远镜相比，其视宁度绝佳，而且没有大气散射造成的背景光，还能观测到会被臭氧层吸收的紫外线。哈勃超深空视场是天文学家获得的最深入、最敏锐的光学影像。

自发射以来的20余年中，哈勃空间望远镜加深了我们对宇宙的认识，也为许多天文学问题的解答提供了线索。它向人类展现了恒星从诞生到死亡的过程，发现了最古老的星系，测定出较精确的宇宙年龄，建立了黑洞及星系之间的关系，证实了暗物质和暗能量的存在，建立了宇宙膨胀的基本模型等。它带领着我们从新的视角解读宇宙，可谓功勋卓著。

将蚕宝宝端上太空餐桌

撰文：蔡宙（Charles Q. Choi）
翻译：蒋青

INTRODUCTION

宇航员在太空中吃什么是一门大学问，特别是面临时间漫长的行星际旅行时。为了提供合适的太空食品，科学家列出了太空食品候选者的名单。大家恐怕想象不到，经过了认真论证，蚕宝宝也被推荐到这个太空大餐的菜单中。

宇航员踏上行星际旅行时，恐怕很有必要将能提供食物和氧气的生态系统带上飞船。为了开发出合适的太空食品，科学家可谓绞尽脑汁。家禽、活鱼，甚至蜗牛、蝾螈和海胆幼虫——这些太空食品的候选者千奇百怪，却都称不上完美。比方说，养鸡需要准备大量饲料和空间；鱼类等水生生物则对水环境极为敏感，而水环境的维护又绝非易事。

北京航空航天大学的科学家建议，将蚕纳入太空食品候选者的名单。蚕本来就是中国一些地区人们的盘中餐。它们繁殖快，对空间、食物和水的需求却极小。蚕产生的排泄物也不多，还可以作为船上植物的绿肥而被迅速处理掉。蚕蛹主要由可食性蛋白质组成，其中人体必需氨基酸的含量是猪肉的两倍，鸡蛋和牛奶的四倍。进行这项研究的科学家还指出：经过化学处理的蚕丝也可以食用。2008年12月24日，这项研究结果被发表在《空间研究进展》（*Advances in Space Research*）网络版上。

上盘蚕宝宝吧：蚕有望成为营养丰富又切实可行的太空食品。

太空微生物

撰文：蔡宙（Charles Q. Choi）
翻译：蒋顺兴

I NTRODUCTION

第一批进驻外星球的人们将面对残酷的生存考验，而研究人员为此提出了一个绝妙的方法来满足太空移民生存的基本需要：征召一些具有绝地生存能力的微生物。它们可以肩负到其他星球提炼矿物质的重任，成为开拓宇宙空间的先驱。

矿业公司能利用微生物回收金、铜、铀等金属。现在研究人员提出，可以征召细菌进行太空"生物开采"，为将来的月球或火星移民者提炼氧气、营养物质和矿物质。

全世界超过1/4的铜由微生物从矿石中获取，它们会切断将铜固定在岩石中的化学键，将想要的材料分离出来。英国开放大学·米尔顿凯恩斯分校（Open University in Milton Keynes）的地质微生物学家卡伦·奥尔森－弗朗西斯（Karen Olsson-Francis）和查尔斯·科克尔（Charles S. Cockell）推断，微生物也可以被"抽调"去其他星球做同样的工作。"这应该是在太空中以土地谋生的一种方式。"科克尔说。

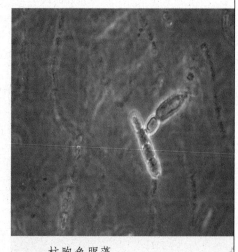

柱胞鱼腥藻。

　　研究人员在类似于月球和火星的风化层（regolith，疏松的表面岩石）中，对多种蓝细菌（cyanobacteria，常被称为蓝绿藻）进行了实验。这些光合细菌已经适应了地球上的一些最极端环境，从极度寒冷干旱的南极麦克默多干燥谷（Antarctic McMurdo Dry Valleys），到智利炎热干旱的阿塔卡马沙漠（Atacama Desert），这意味着它们也许有能力在严酷的外太空存活下来。

　　为了测试微生物的绝地生存能力，奥尔森－弗朗西斯和科克尔将几种细菌发射到高度为300千米的近地轨道，让它们连续暴露在真空、寒冷、炎热和辐射环境中。接着，

叠层石上的蓝细菌（黑色气生藻类）。

蓝细菌

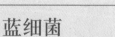

蓝细菌又称蓝藻或蓝绿藻，是一类可进行光合作用的原核微生物。蓝细菌的细胞结构非常简单：它没有细胞核，只有呈颗粒状或网状的染色质；没有叶绿体，但有类囊体进行光合作用。蓝细菌分布广泛，可作为水体富营养化的指示生物。

他们在有水的情况下把这些细菌接种到不同类型的岩石中，包括南非的斜长岩（anorthosite，类似于月球高地风化层）和冰岛火山玄武岩（类似于月球和火星风化层）。2010年，科学家在《行星与空间科学》（*Planetary and Space Science*）上详细阐述了他们的发现。

所有这些微生物都能从岩石中提取钙、铁、钾、镁、镍、钠、锌和铜。不过，通常用作水稻肥料的柱胞鱼腥藻（Anabaena cylindrica）生长最快，萃取的元素最多，还能经受住月球和火星的环境，因而成了最具太空利用潜能的蓝

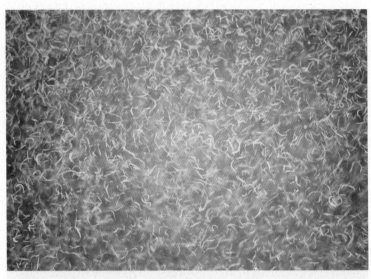

水体中的蓝细菌。

细菌。

　　科克尔认为，利用微生物进行生物开采有许多优点。尽管单靠化学方法就可以从地外风化层中萃取出矿物质，但微生物能够高效催化反应，大大加快反应进程。单纯的化学方法还会耗费大量能量，而能量在早期的地外前哨站中恐怕相当稀缺。并未参与此项研究的天体生物学家伊戈尔·布朗（Igor Brown）说："蓝细菌生物技术不发展，我们就没法向月球和火星移民。"看来，以后宇宙移民不再只是人类的专利了。

话题九

撒向天际的大网

太空旅行面对重重考验，在科学家努力解决这些难题的同时，一些望远镜和探测器正在搜索宇宙中的信息，帮我们找到航行的方向。它们有的在地面，有的在太空。你可能想象不到，它们正在依靠自己独特的能力在各个波段获取宇宙发送的信息。你知道通过天体独特的光谱能够了解到什么吗？你知道利用望远镜还能"聆听"宇宙吗？你知道太阳系的尽头是什么样的吗，在我们看不见的遥远地方是否会有外星人存在？就让我们跟随"旅行者号"，用各式各样的望远镜来做"眼睛"和"耳朵"，去一探究竟吧！

LAMOST喜获首条光谱

◇ 撰文：崔辰州

INTRODUCTION

LAMOST是我国天文研究领域自主创新结出的硕果，自2007年5月首次传来获得光谱的喜讯后，它屡创佳绩，给我国在宇宙起源、天体演化、太阳系外行星探索等方面的研究打下了坚实基础。

2007年5月28日凌晨，调试中的国家重大科学工程项目"大天区面积多目标光纤光谱天文望远镜"（简称LAMOST，又称为郭守敬望远镜）喜获首条天体光谱。随着调试的进展，随后数天LAMOST获得了越来越多的天体光谱。2007年6月18日清晨，这架望远镜单次观测就获得了超过120条天体光谱。LAMOST开始获取光谱标志着各个子系统，包括望远镜光学和主动光学系统、跟踪控制系统、光纤定位系统、光谱仪系统等，已实现连通。

天体光谱

每种化学元素都有自己独特的光谱线，因此根据光谱线的特征就能确定光源的化学成分。利用这一原理，天文学家们可以通过分光技术分析天体光谱，并通过与标准谱线相比较，确定天体的物质结构、大气物态、化学组成以及天体的运动状况。

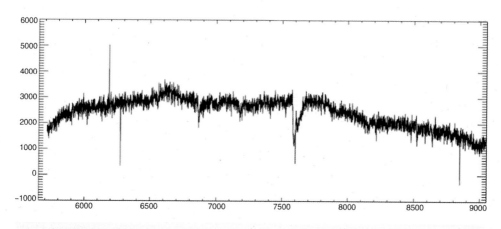

LAMOST获得的首条光谱。

　　LAMOST是一架中国自主创新的大型光学望远镜，技术难度非常大。它的主镜物理直径达6米多，是我国最大的光学望远镜，也是世界上最大口径的大视场光学巡天望远镜。

　　2007年，LAMOST项目完成了"小系统"的建设任务。LAMOST"小系统"包括3米口径的镜面（通光口径近2米）、250根光纤、一台光谱仪及两台4,000×4,000的CCD相机，外加完整的望远镜机架和跟踪控制系统。"小系统"具备完整系统的几乎所有部件和功能，可谓"麻雀虽小，五脏俱全"。

光学望远镜

　　天文望远镜按观测波段可分为光学望远镜、射电望远镜、红外望远镜、紫外望远镜、X射线望远镜、γ射线望远镜等。其中光学天文望远镜是在可见光区（包括近紫外和近红外波段）进行天文观测的望远镜，分为折射式、反射式、折反射式三种类型。

　　"小系统"完成后，项目组又在此基础上逐步扩展了其子镜个数，光纤数也增至4,000根，光谱仪数量达到16台。最终于2008年实现了LAMOST完整系统。（2008年10月，LAMOST落成典礼在国家天文台兴隆观测基地举行。）

　　LAMOST项目有着宏伟的科学目标。大规模多目标的光谱巡天的建成使人类观测天体光谱的效率提高一个量级，获取的光谱数达到千万条量级；这使我国在大规模天文光谱观测研究工作中跃居国际领先地位，为我国在宇宙起源、天体演化、太阳系外行星探索等天文学和天体物理学研究领域取得重大科研成果奠定了基础。

复兴射电天文学

◇ 撰文：马克·沃尔弗顿（Mark Wolverton）
◇ 翻译：谢懿

I NTRODUCTION

射电天文学的出现开启了人们获取来自宇宙信息的一种新渠道，也带来了一系列革命性的发现。在科学技术发展的浪潮中，射电天文学也不甘落后，它将随着新一代射电望远镜阵列的升级而复兴，带给我们更加伟大的发现。

1932年，贝尔电话实验室（Bell Telephone Laboratories）的工程师卡尔·古特·央斯基（Karl Guthe Jansky）在寻找削弱短波无线电背景噪音的方法时，意外发现了来自外太空的无线电信号。这一发现很快就催生出了射电天文学（radio astronomy）。这门学科后来给我们带来了各式各样的革命性发现，从最初的宇宙微波背景辐射直到最近找到暗物质存在的证据。现在，射电天文学正处于21世纪一场技术复兴的前

射电天文学

射电天文学是根据无线电波段观测结果来研究天体和其他宇宙物质的天文学分支。射电天文学出现之前，天文观测的范围只局限于可见光波段，而射电天文观测则可以利用无线电波，深入到以往仅凭光学方法看不到的地方。射电天文学的"四大发现"，即星际分子、类星体、微波背景辐射和脉冲星的发现已成为20世纪最为耀眼的天文学发现。

夜——它将引出更加伟大的发现，不过这次挑大梁的将不再是传统的巨型碟形射电天线，而是由小型天线组成的大型阵列。

1946年，英国射电天文学家率先建成了射电望远镜阵。射电望远镜阵通常由数架位置不同的望远镜组成，观测效力相当于一架面积覆盖整个阵列的射电望远镜。1980年投入使用的甚大阵（Very Large Array，VLA，位于美国新墨西哥州的索科罗附近）

位于美国新墨西哥州索科罗附近的甚大阵由28面直径25米的可移动天线组成。数字化升级将大大提高它的分辨率、灵敏度及数据处理能力。

就是最著名的例子。VLA由27面活动的射电天线组成，每面天线直径25米，被架设在铁轨上构成一个"Y"字形（另外还有一面碟形天线备用，算上这面天线，总共28面）。调整天线之间的距离，就可以改变VLA的观测角分辨率（分辨率越高，就能看到越精细的结构）。VLA的资深科学家里克·珀利（Rick Perley）介绍说："VLA在建成时就是地球上最强大、最灵活的射电综合孔径成像望远镜。虽然直到今天它的地位仍没有动摇，不过自VLA建成至今的这段时间，科学和技术又取得了更大的进步。"

因此，VLA正在进行数字化升级，增配更先进的计算机和电子系统，从而大幅度提高观测分辨率、灵敏度以及数据存储能力。升级后的VLA被称为增容甚大天线阵（EVLA）。和所有的射电望远镜阵一样，EVLA的核心也是相关器，这是一个超级计算机系统，专门用于处理、比较和综合来自各个天线的信号。EVLA项目主管马克·麦金农（Mark McKinnon）说："这可不是你去电脑城买一堆电脑，然后配置一下就能搞定的事情。"EVLA的相关器将由加拿大赫茨伯格天体物理研究所（位于不列颠哥伦比亚省）设计制造。它处理数据的带宽是VLA原有相关器的80倍，还可以同时处理更多信道的数据。

工程师还升级了连接天线和相关器的数据传输线路，用全数字化光纤替换了原来的波导。每面天线

也正在加装高灵敏度数字接收机，它可以连续覆盖
1Hz~50GHz波段。这些升级将使VLA的性能提高10倍以
上，假如木星上有手机的话，它发出的微弱信号也逃不过
EVLA的监测。

有了美国国家自然科学基金会（National Science
Foundation）以及VLA的加拿大和墨西哥合作方提供的1亿
美元资助，科学家已经为VLA铺设了全新的数字信号光
缆，还升级了所有天线中的16面（截至2008年5月16日）；
随后新的相关器也陆续安装到位并投入使用。麦金农自豪
地说："我们将按计划完成升级，而且不会超出预算，许
多天文项目都没能做到这一点。"

与此同时，下一代射电天文台也已初具雏形。阿塔卡

马大型毫米[/亚毫米]波阵（ALMA）正在智利阿塔卡马沙漠北部的安第斯平原上建造。ALMA拥有至少50面直径12米的碟形天线，那里海拔高度达5,000米，使这些天线可以探测到极易被大气层吸收的、靠近红外波段的短波射电辐射。两辆巨大的特制28轮重型运输车将用来移动天线，使整个天线阵的构型可以重新调节。

珀利预计："这两个望远镜将改变射电天文学。"其他规模较小的新项目，例如欧洲的低频阵列（Low Frequency Array，LOFAR）和美国加利福尼亚北部的艾伦望远镜阵，也将一起照亮射电天文学的未来。"很难精确预言这些望远镜会给我们带来些什么，但这正是它们最吸引人的地方。"因为意外而为科学做出巨大贡献的卡尔·央斯基，无疑会同意这一观点。

超巨型射电望远镜

射电天文学家还在翘首企盼另一个射电望远镜中的"巨无霸"——一平方千米天线阵（Square Kilometer Array，SKA）。它由数千面小型天线组成，将成为世界上最大、最灵敏的射电望远镜，共有20个国家参与建造。SKA有能力探测先前所有仪器都无法触及的宇宙更深处，还可以对伽马射线暴和X射线暴之类的暂现现象（transient phenomena）进行全天巡天。美国康奈尔大学天文学家、SKA技术研发项目主管里克·科德斯（Rick M. Cordes）说："我们在SKA上所做的，就是把极高的灵敏度和大视场观测能力结合起来。"

用脉冲星聆听引力波

撰文：乔治·马瑟（George Musser）

翻译：谢懿

Introduction

如果令人畏惧的黑洞接近地球，我们如何追踪其行动轨迹？如果爱因斯坦的理论正确的话，那么引力波将发出预警。但是想聆听到引力波并不容易，一个研究小组正在尝试用一种新的方式——用射电望远镜监测脉冲星，来探测引力波。

如果有一对黑洞将要撞击地球，那么你会听到它们悄然逼近的声音。当然，你聆听到的不是声波，而是引力波，因为声波在真空中无法传播。当黑洞靠近时，引力波会"挤压"你的内耳骨，产生类似照相机闪光灯充电时发出的嗞嗞声。尽管天文学家们认为引力波无时无刻不在我们体内回响，但是在正常情况下，引力波是听不到的。引力波在广袤的宇宙中经过长途跋涉，抵达我们时强度已被削弱。由引力波"挤压"而使我们骨头或其他物体产生的长度变化量，可能还不到一个质子的宽度。

为了能听到引力波，就需要一个超灵敏的"麦克风"，比如激光干涉引力波观测台（LIGO）。它由两架激光干涉仪组成，分别位于美国华盛顿州和路易斯安那州，专门用来寻找由引力波造成的仪器长度的振荡变化。但是，还有其他方式可以用来探测这一长度振荡，而且新的研究表明，其中一项技术甚至能检验爱因斯坦

引力波

广义相对论预言的引力场的波动形式。其传播速度等于光速。

脉冲星。

广义相对论中有关引力的理论是否正确。

这一技术要使用脉冲星，因为它发出脉冲的周期犹如原子钟一般精准。如果引力波从我们和脉冲星之间穿过，它会拉长或者缩短脉冲星发出的脉冲之间的距离，因此脉冲振荡看上去就被加速或者减速了。美国得克萨斯大学布朗斯威尔分校（The University of Texas at Brownsville）引力波天文学中心的天体物理学家李柯伽（Kejia Lee）说："我们可以进行计时观测，而引力波会改变脉冲的到达时间。"与过去用脉冲星探测引力波不同，这一技术可以探测引力波的直接效应。

黑洞并合或者宇宙早期过程发出的引力波，会改变脉冲星计时观测的结果，影响程度为$1/10^{15}$——相当于十年偏差一微秒。频率大于每年一次的振荡，会埋没在噪声信号之中，无法被探测。而与此技术相比，LIGO正好相反，它的问题是因为地震活动无法观测到低频（变化过慢）的振荡。这样一来，两种技术正好完美地互补。

为了从噪声信号中分离出真实的计时观测振荡，天文学家们比对了许多脉冲星。按照广义相对论，引力波振动的方向垂直于它传播的方向。它会在某一个方向上拉伸物体，同时又在与之垂直的另一个方向上压缩物体。这会使得一颗脉冲星的振荡减速，而使另一颗与它成90度的脉冲星振荡加速。噪声信号却不会有这样的效果。

李柯伽与他的同事弗里德里克·耶内特（Fredrick Jenet）和理查德·普赖斯（Richard Price）合作，正在把这一技术拓展到广义相对论以外的引力理论上。这些理论预言物体可以在各个方向上同时被拉伸或者压缩，甚至在引力波传播的方向上也不例外。脉冲星

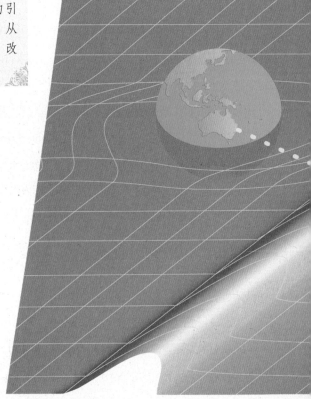

穿过脉冲星信号传播路径的引力波，会改变脉冲之间的距离，从而改变脉冲星计时观测的结果。改变的幅度相当于十年偏差一微秒。

是测量这一反常振荡唯一可行的途径，这些反常的振荡在量子引力理论中代表了不同类型的粒子。美国弗兰克林和马歇尔大学的另一位脉冲星计时专家安德烈亚·洛门（Andrea Lommen）说："幸好有人愿意考虑非广义相对论的引力波，这实在太重要了。"

　　不过，这项技术还没得到证实。该小组还没有计算出相对论以外的其他引力波振荡模式的强度，也没有找出区分这些模式组合的办法。澳大利亚的帕克射电望远镜从2004年起每两周就对20颗脉冲星监测一次，但还没有发现任何引力波——既没有爱因斯坦的引力波，也没有其他引力理论的引力波。这并不奇怪，几年时间的确太短了。LIGO也还没有探测到任何引力波。希望不要等到黑洞和地球相撞的那一天，我们才能证明爱因斯坦没有错。

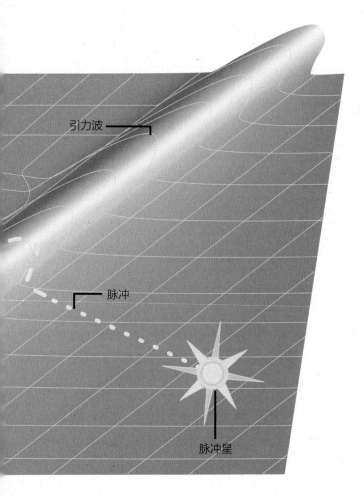

引力波

脉冲

脉冲星

搜寻外星人信号

撰文：蔡宙（Charles Q. Choi）

翻译：王栋

INTRODUCTION

通过探听宇宙深处的极微弱信号，科学家不但可以获得关于星系诞生的古老信息，还有可能发现地外文明。为了能够完成这项任务，几万部无线电天线被连接在一起，组成了功能强大的射电望远镜。

通过国际互联网，把44,000多部无线电天线连接起来，就组成了人类有史以来建造过的最壮观的射电望远镜之一。它的任务是扫描大部分人类还未涉足过的无线电频段，搜寻宇宙中诞生的第一批恒星和星系。并且，它还能寻找地外文明发出的无线电信号。

这个望远镜阵列是用于监测低频无线电波——在宇宙最初的"黑暗时期"里，统治宇宙的低温氢气云辐射出的极微弱信号，就是这种电磁辐射的一个主要来源。随着一颗颗恒星由氢气云旋转汇聚形成，第一次照亮原本黑暗的宇宙，它们应该会在这片氢气云中留下片片"斑痕"。通过分析来自这种气体云的无线电信号如何随时间变化，科学家就能在很大程度上弄清楚，第一批星系是如何形成的。

这部低频阵列（Low Frequency Array，LOFAR）将由位于荷兰、德国、法国、瑞典和英国的48座观测站的天线组成，它们全部由光纤连接。来自这些观测站的信号将汇总到一台超级计算机中，让这个望远镜阵列成为有史以来最复杂、最多能的射电望远镜，国际LOFAR望远镜委员会主席海诺·范尔克（Heino Falcke）说。

低频阵列能在45天内，扫描整个北方天空，最大分辨率相当于一台直径620英里（约1,000千米）的望远镜。低频阵列还具有可扩展性，也就是说，研究人员可以随时加入更多的观测站，荷兰射电天文研究所（Netherlands Institute for Radio Astronomy）的麦克·怀斯（Michael Wise）说。

除此之外，LOFAR的反应速度也很快——能测量到十亿分之五秒内发生的事件。由于LOFAR实际上是由许多射电望远镜组成的"网络"，这意味着它能同时承担数个不同的科研项目。

接下来的几年里，作为"地外文明探索"（SETI）的一部分，该阵列还将扫描以前被忽略的低频区中的人造无线电辐射信号。

LOFAR 在荷兰的观测站。

COROT：搜寻太阳系外行星的利器

撰文：亚历山大·埃勒曼（Alexander Hellemans）
翻译：谢懿

INTRODUCTION

为了在其他恒星周围寻找类似地球的行星，科学家们已经把地面望远镜的观测能力运用到了极限。即使如此，想要顺利观测也很困难，于是COROT空间望远镜加入到了搜寻太阳系外行星的行列，并且很快就有了新的发现。

对于搜寻太阳系外行星而言，2007年是有重要意义的一年。4月，瑞士日内瓦天文台的天文学家们宣布，他们发现了迄今为止最像地球的系外行星。这可能是太阳系外第一颗表面有液态水存在的岩石行星。这颗行星围绕着红矮星Gliese 581公转，大小仅为地球的1.5倍，质量为地球的5倍。随着第一架专门用来搜寻太阳系外行星的空间望远镜COROT开始正常工作，等科学家们处理完数据之后，发

韦布空间望远镜

韦布空间望远镜是一个大型红外望远镜，拥有可以在极低温度下运行的光谱仪，它由美国、欧洲和加拿大航空机构合作完成，其计划发射时间为2018年。这架太空望远镜的六边形主镜面直径为6.5米，由金属铍制成；设在底部的遮光板每一层有一个网球场那么大。它被认为是哈勃空间望远镜的继承者，将帮助科学家们研究宇宙历史，观察宇宙诞生后形成的首批星系，揭示太阳系的进化过程。

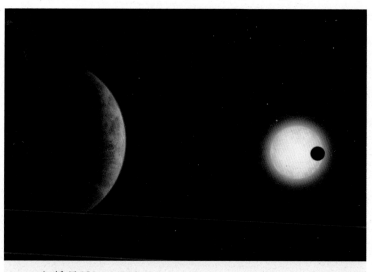

红矮星Gliese 581。

现新行星的消息将不断见诸报端。

　　在搜索太阳系外行星的过程中，科学家们已经把地面望远镜推向了观测能力的极限。恒星和行星围绕着它们的引力中心转动，日内瓦天文台的天文学家们正是通过观测恒星运动中的摆动，才发现了这颗类似地球的岩石行星。这种摆动会使恒星光谱中的谱线发生微小的多普勒频移。观测这些摆动，天文学家可以推算出行星的质量，但无法直接确定它的大小。只有当行星出现在地球与那颗恒星的连线上，遮住了部分恒星的光线，发生了所谓的掩食（transit）时，科学家才能观察到它的大小——可惜那颗行星受轨道限制，不会发生掩食。因此，研究小组成员斯特凡娜·于德莱（Stéphane Udry）说，他们不得不通过行星形成模型来推断这颗行星的密度。

　　即使这颗行星能够发生掩食，研究小组恐怕也无法观测这一现象。透过地球湍动的大气层进行观测，需要使用自适应光学系统（adaptive optics）来校正大气造成的扰动，但这一技术也会妨碍掩食发生时对恒星亮度变化的精确测量。就算使用未来直径42米的巨型望远镜进行观测，它的测光灵敏度仍然会受到限制。于德莱解释说："在自适应光学系统中进行掩食搜寻是很难的，因为这一技术会连续不断地干扰测光定标。"

为此，空间天文台应运而生，造价4,600万美元的COROT望远镜就是这一想法的具体产物之一，它的全名是"对流旋转和行星掩食"（Convection Rotation and Planetary Transits）望远镜。除了研究恒星表面的波动来搜集恒星内部信息以外，COROT还能观测由于太阳系外行星掩食所造成的恒星亮度变化。COROT的观测从2007年2月就开始了，一旦完成所有的定标，这架口径27厘米的望远镜就能探测幅度低到1/20,000的亮度变化——大约是地面设备亮度分辨率的200倍。COROT最终将观测12万颗恒星。法国马赛天体物理实验室的皮埃尔·巴尔热

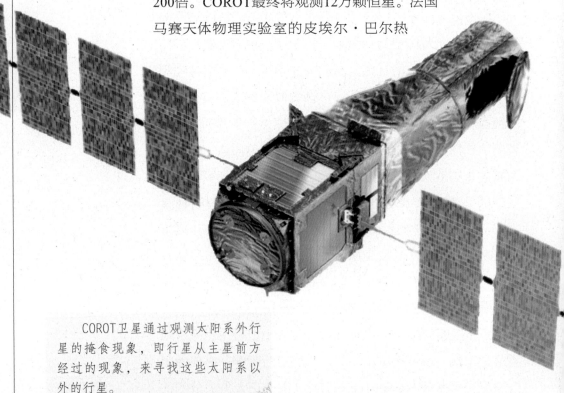

COROT卫星通过观测太阳系外行星的掩食现象，即行星从主星前方经过的现象，来寻找这些太阳系以外的行星。

（Pierre Barge）领导了COROT的太阳系外行星搜寻小组，他解释说："这是一轮漫无目标的搜索，我们需要巡视大量恒星，才能增加发现行星的概率。"

除了寻找太阳系外行星以外，COROT还能确定它们的大小，因为行星掩食所造成的恒星变暗程度与行星的大小成正比。此外，知道了行星的大小，就能计算出行星的密度，进而确定它是岩石行星还是气态行星。在目前已知的大约240颗太阳系外行星之中，能够确定直径大小的只有20颗左右。

其他空间天文台还可以通过掩食现象了解太阳系外行星周围的大气情况。在2007年7月13日出版的《自然》（Nature）杂志上，欧洲空间局（European Space Agency）和英国伦敦大学学院的焦万纳·蒂纳提（Giovanna Tinetti）及其同事报告说，根据NASA斯皮策空间望远镜（Spitzer Space Telescope）所作的红外观测，他们在距离地球64光年的一颗行星上发现了水。当行星从恒星前方经过时，它的大气对恒星星光所造成的吸收，与水蒸气造成的吸收相符。不过，这颗行星是一颗气态巨行星，比木星还要大15%，因此可能并不适合生命生存。

遗憾的是，还没有哪一架空间望远镜能在更小的行星上发现水，连哈勃空间望远镜也没能成功。蒂纳提说："对于更小的岩石行星而言，它们还不够灵敏。"她预计，将接替哈勃空间望远镜的韦布空间望远镜有能力做到这一点。

空间望远镜的加入并不会使地面设备淡出太阳系外行星搜索的行列。地面望远镜可以很好地探测多普勒频移，空间望远镜也需要地面望远镜与它们协同作战。

绘制宇宙"地图"

撰文：约翰·马特森（John Matson）
翻译：王栋

I NTRODUCTION

想在太空遨游，一张宇宙"地图"必不可少。借助天文测绘得到的天体"地图"，我们不仅可以了解自己在宇宙中的确切位置，还可以获得数十亿颗恒星和星系的详细位置。而随着更多新一代望远镜投入使用，天体"地图"的精度还将大幅度提高。

就像测绘员通过测量角度、距离和海拔来对一块土地进行绘图一样，天文学家长期以来也在为宇宙中的天体绘制能标明其位置的"地图"。

这些"地图"很快将迎来一次精度更高的改版。随着使用地面望远镜或探测飞船进行的天空观测活动越来越多，我们将获取许多新的细节。将所有这些研究项目汇总，我们将得到远远近近数十亿颗恒星和星系的详细位置信息。

下一代太空望远镜"欧几里得"将通过为期6年的天空扫描，为多达20亿个星系绘制三维"地图"。这项任务由欧洲空间局批准，计划于2020年发射。"欧几里得"将扫描大约三分之一的天空，以测量这部分宇宙中星系的位置和距离。人们希望，宇宙结构的分布能够揭示关于暗能量性质的某些线索。暗能量是驱动宇宙加速膨胀的关键，但至今人们还未能观测到。

计划于2013年发射的欧洲空间局"盖亚号"探测飞船，可以实现对局部性天体图的显著改进。在抵达远超月球轨道的深空后，"盖亚号"飞船将为约10亿颗恒星绘制标明位置和距离的天体图。"'盖亚号'的主要科学目标是解决我们银河系的结构和动力学问题。"欧洲空间局"盖亚号"计划的项目科学家蒂莫·普鲁斯蒂（Timo Prusti）解释说。

"盖亚号"飞船将为约十亿颗恒星绘制三维天体位置图。

　　同时在地面上，许多新的测量项目也在南半球纷纷上马。那里的天体图 "绘图员"们期待，他们得到的结果将能带来重大贡献。作为参照，位于北半球的、所有天文测绘项目的老前辈——美国的斯隆数字化巡天项目已经详细绘制了超过一百万个星系的三维"地图"，除此以外它还有许多其他成就。

　　最有可能改写南半球天体测绘纪录的望远镜是位于智利的大口径全天巡视望远镜（Large Synoptic Survey Telescope，LSST）。根据近期的一项估计，2022年它投入使用后，将拥有一面8.4米口径的主镜（与之相比，斯隆数字化巡天使用的是2.5米望远镜），以及一部32亿像素的数字机。这部巨型望远镜将通过每周对天空拍一次照来捕捉持续时间很短的现象，例如超新星爆发和有潜在威胁的近地小行星飞掠。在这一过程中，它还将为约四十亿个星系标注三维坐标。

"旅行者号" 抵达太阳系尽头

撰文：克里斯蒂娜·里德（Christina Reed）

翻译：谢懿

INTRODUCTION

终端激波是宇宙中太阳风不再前进延伸的区域，"旅行者1号"和"旅行者2号"分别从北侧与南侧两个方向到达了终端激波。它们告诉人们这样一个事实：太阳系南北两侧的终端激波在位置上并不对称，北侧的太阳风可以吹拂到比南侧更远的地方。

历经三十多年的太空之旅，"旅行者2号"终于在2007年穿过了由带电粒子组成的终端激波（termination shock），标志着它越过了太阳系的第一道边境线。它的孪生兄弟"旅行者1号"，则从北侧踏上了远赴星际空间的征程。根据两个探测器发回来的数据，科学家们发现太阳系的一侧受到了"挤压"——确切地讲，吹往南方的太阳风无法像吹往北方的太阳风一样延伸到很远的地方，它会提前减弱并改变方向。

太阳风在广袤的星际空间粒子海洋之前裹足不前的地方，被天文学家定义为终端激波区。太阳风由带电粒子组成，犹如

太阳风

太阳向太阳系连续地以很高的速度和不稳定的强度释放的等离子体流被称为太阳风。它是由于日冕因高温膨胀，使氢、氦等原子被电离成质子、电子和氦原子核等，并将这些带电粒子不断抛射到行星际空间而形成的。

一条超音速河流，以每秒400千米的速度，从太阳表面倾泻而出，速度超过了太阳上沿磁场传播的任何一种波。（宇宙空间可以传播声波，它在太阳系中传播的速度大约为每秒50~70千米；不过即使如此，在太空中也无法听到声音——太空中的介质非常稀薄，使得声波的振幅极其微弱。）只有在靠近终端激波的时候，太阳风才开始减速到每秒300千米——结果就是，宇宙线粒子可以从太阳风鞘（heliosheath，也被称为日鞘或日球层鞘）逆流而上进入太阳风。太阳风鞘指的是紧靠激波另一侧的区域。

远游的"旅行者号"探测器

"旅行者号"探测器，是由美国研制的外层星系空间探测器。"旅行者2号"和"旅行者1号"分别于1977年8月和1977年9月发射升空。它们沿着各自的轨道运行，担任探测太阳系外围行星的任务，所携带的钚电池预计将持续至2025年左右。

"旅行者1号"是第一个提供了木星、土星以及其卫星详细照片的探测器，也是目前离地球最远的人造物体。2012年，美国航空航天局宣布"旅行者1号"进入了太阳系最外围疆域。

在抵达终端激波的时候，太阳风的速度几乎会锐减一半，跌至每秒150千米，并和一些来自其他恒星的等离子体相混合。这一过程会产生一波又一波的高能离子，"旅行者2号"已经探测到了这种现象。2007年8月30日到9月1日，正当勇敢的"旅行者2号"穿越终端激波进入太阳风鞘时，它遇到了5次高速粒子的"冲击"波。在那里，减弱并且减速的太阳风甚至会逆流而上，沿着太阳围绕银河系公转的相反方向拖出一条尾迹。在"旅行者2号"之前，天文学家们认为，终端激波另一侧的太阳风是亚声速的。"令我们惊讶的是，太阳风并没有像我们预期的那样大幅减速。"美国加州理工学院（California Institute of Technology）"旅行者号"项目科学

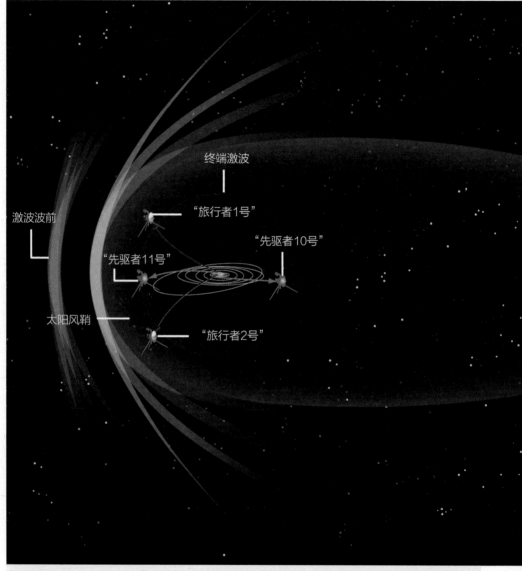

　　当太阳在银河系中穿行时，太阳风会和星际粒子发生碰撞，产生激波波前。"旅行者号"探测器已经穿过了终端激波（"先驱者号"探测器可能也穿越了终端激波，结果导致了通讯中断），并且进入了所谓的太阳风鞘。图中各部分未按真实比例绘制。

家埃德·斯通（Ed Stone）如是说。

两个"旅行者号"探测器，就像陪伴在船头两侧一起乘风破浪的海豚，从两个侧翼包抄了太阳系在星际空间中前行所激起的波阵面（front wave，这里指的就是太阳系的终端激波）。"旅行者2号"进入终端激波时，距离太阳84天文单位（1天文单位相当于地球到太阳的平均距离），而2004年"旅行者1号"进入终端激波时的距离为94天文单位。终端激波的不对称性显示，由于某种原因，太阳系整体向北侧倾斜，把它的南面更多地暴露在了星际风中。斯通说："我们想要知道，造成这一现象的原因是什么。"

任何一个好水手都知道，风在航海中起到了重要作用。NASA戈达德航天中心（Goddard Space Flight Center）的"旅行者号"磁力计专家伦纳德·布拉加（Leonard Burlaga）解释说，南侧终端激波距离较近，意味着星系磁场对太阳系南面的挤压作用更强。此外，太阳活动的周期性变化，也会产生一些轻微的影响。

"旅行者2号"上的等离子探测器已经失灵，不过它还是取得了惊人的发现。在终端激波边缘减速的太阳风粒子本该将动能转化成热量。斯通解释说："我们本来预计，会在太阳风鞘中发现温度高达100万开的离子，但实际观测到的温度只有10万～20万开——仅有我们预期值的1/5～1/10。"天文学家怀疑，宇宙线可能从太阳风中提取了能量，用于自身的加速。正如布拉加所说，"从太阳风磁场中脱离出来的离子会带走太阳风的能量"。这一加速过程发生在距离终端激波和太阳风鞘多远的地方，目前还不得而知。

这些问题的答案，可能要等到"旅行者号"继续它的

位于木星附近的"旅行者号"。

行程，穿过太阳风鞘之后才能见分晓。与此同时，天文学家也在完善他们的太阳系模型。斯通说："我们目前的磁流体模型，还无法完全描述我们观测到的现象。"

搜集远道而来的原子

星际边界探测器（IBEX）的目标是测量太阳风鞘的厚度。在"旅行者号"实地测量太阳风鞘的同时，IBEX将在地球轨道上搜集形成太阳风鞘内侧的高能中性原子。电中性的性质使这些粒子可以沿直线运动，就像穿梭于太阳磁场中的摩托艇。这些粒子将帮助我们全面了解太阳系如何与银河系的其他部分相互作用。另外两个正在离开太阳系的探测器——"先驱者10号"和"先驱者11号"，在抵达终端激波后不久，就与地面失去了联系。地面站最后一次收到来自"先驱者10号"和"先驱者11号"信号的时间，分别是2003年和2000年，它们当时的距离分别为82天文单位和54天文单位。

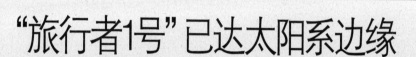

"旅行者1号"已达太阳系边缘

撰文：约翰·马特森（John Matson）

翻译：徐愚

INTRODUCTION

经过三十多年的旅行，"旅行者1号"已经到达星际空间边缘。不过它何时才能冲出太阳系，进入星际空间目前还难以确认。科学家试图通过"旅行者1号"传回的数据推测它所处的空间环境情况，以此来预测它飞离太阳系的旅途还将持续多久。

对于美国国家航空航天局的"旅行者1号"（Voyager 1）来说，飞离太阳系的旅途漫长而又陌生，而在今后的一段时间内，旅行或许仍将继续。

"旅行者1号"发射于三十多年前，是飞离地球最远的人造探测器。2012年年底，它与太阳的距离为182亿千米，比冥王星距日平均距离的三倍还要多。"旅行者1号"正在努力实现一项惊世壮举——冲出太阳系，进入星际空间。然而一项研究表明，要想实现这一目标"旅行者1号"要比预计中走得更久。

2005年以来，"旅行者1号"探测器已进入太阳风鞘（heliosheath）区域。由于来自星际中等离子体的阻碍，太阳风（solar wind）在太阳风鞘区域开始减速。令人感到意外的是，2010年"旅行者1号"的太阳风侦测读数一直保持为0。研究人员猜测，当"旅行者1号"靠近太阳风鞘与星际空间的边界即太阳风顶层（heliopause，也被称为日球层

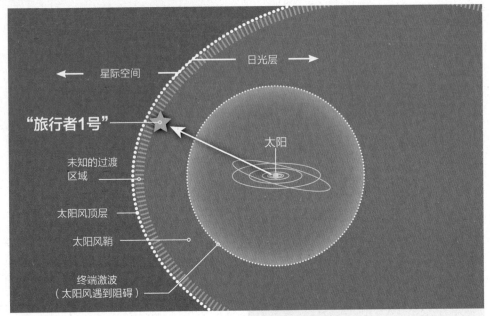

日光层

← 星际空间

太阳

"旅行者1号"

未知的过渡区域

太阳风顶层

太阳风鞘

终端激波
（太阳风遇到阻碍）

2012年消息："旅行者1号"或将接近太阳风顶层。

顶）时，星际中等离子流会使太阳等离子体发生偏转。

但是2012年9月6日，美国约翰斯·霍普金斯大学应用物理实验室的罗伯特·德克尔（Robert B. Decker）和同事在《自然》（Nature）杂志上发表文章称，太阳等离子体现在没有发生偏转。此项新的研究提出两种可能性："旅行者1号"并未接近太阳风顶层，或者太阳风顶层中的等离子流以一种未知方式移动。

根据此前的预测，有两种可能：一是太阳风顶层或者只比目前人类到达的最远距离远一点；二是到达太阳风顶层还需要至少7年时间。新发现使得人们更倾向于后一种可能。无论如何，德克尔已经更新数据并进行更加复杂的预测。2012年下半年，"旅行者1号"已进入一个太阳系粒子和星际粒子的混合区域中，这标志着它可能到达了另一个未知的边界，或者一个崭新的空间。

话题十

宇宙走向何方？

我们尝试通过各种方式去了解遥远的天体，寻找更多的生存空间。但是，更加令人着迷、更加难以解答的问题是，我们所在的宇宙到底是个什么样子？它源于哪里，又有着怎样的过去和未来？而新的发现还不断地挑战我们的认知极限，暗物质、暗能量是否隐藏着宇宙不为人知的秘密？遥远的天体或许能给我们提供一些解答宇宙之谜的线索，但另一种无时无刻笼罩在我们周围的辐射——宇宙微波背景辐射，将提供更多的宇宙信息。

前景星系谜团

撰文：明克尔（JR Minkel）

翻译：王靓

INTRODUCTION

一项有关前景星系的研究成果在天文学界引起了不小的震动：前景星系的数量也许远远不如我们曾经所认为的那样多。如果这一结论成立，那么以往借此对星系成分和暗物质的估算的正确性将大打折扣，我们需要重新思考宇宙学上的很多问题。

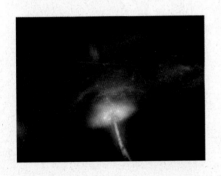

天文学家知道，如果把他们的望远镜指向类星体，那么平均每4个类星体的前方就会观察到一个前景星系（视线方向与被观测河外源相近，但与观测者距离较近的星系）。宇宙是均匀的，在其他的遥远天体前面，比如在观测到的一批γ射线暴前面，也应当观察到同样数目的前景星系。然而事实并非如此。美国加利福尼亚大学圣克鲁兹分校

类星体

类星体是20世纪60年代，天文学家发现的一种奇特天体。它的视形态类似恒星，因而得名类星体。它是活动星系核中活动性极强、平均红移最大的一类。

γ 射线暴

γ射线暴又简称γ暴，是宇宙γ射线流量在短时间内急剧变化的现象。

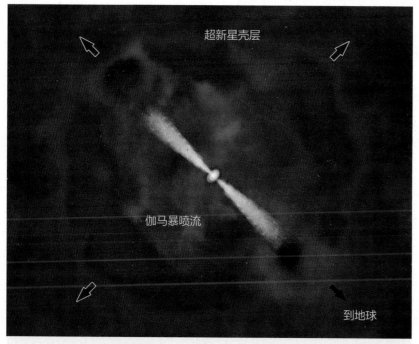

超新星壳层

伽马暴喷流

到地球

　　类星体和 γ 暴的前景星系数量是一个未解之谜。在GRB020813
这个 γ 暴中，超新星爆发产生的气体包裹着一个黑洞，而黑洞正向
外射出两股粒子喷流（想象图）。

（University of California，Santa Cruz）的贾森·普罗哈斯卡
（Jason X. Procháska）发现，平均每15个 γ 射线暴才有一个有前景
星系，这个结果在天文学界引起了一片哗然：如果这一结果属实，
那么意味着天文学家误解了前景气体中的一个关键概念——这有可
能引发宇宙学上的一系列问题，因为天文学家正是使用这种气体来
估算早期星系的成分和暗物质的分布的。也许，前景星系中的尘埃
数量超出人们的预期，因此遮住了一部分类星体。它们也可能对 γ
射线暴发出的光线起到了聚焦的作用，导致有些比较黯淡的 γ 射线
暴逃出了天文学家的法眼。或者，被天文学家认定的前景星系也有
可能是 γ 射线暴本身的气体。这项发现发表在2006年9月20日的
《天体物理学报通信》（*Astrophysical Journal Letters*）上。

最古老的旋涡星系

撰文：约翰·马特森（John Matson）
翻译：王栋

INTRODUCTION

在纷杂的早期宇宙中，天文学家发现了一颗美丽的"钻石"——迄今所知的最古老的明亮旋涡星系。它的出现也许能解开困扰天文学家很久的问题：在宇宙的早期，为什么旋涡结构如此稀少。

早期的宇宙热闹而纷杂。与今天相比，那时星系之间的碰撞融合更加频繁，而且星系内部也混乱地充斥着由恒星构成的团块，几乎无法形成精巧、有序，如银河系或仙女星系一样的旋涡星系。

然而，通过扫描数百个在宇宙大爆炸后几十亿年内出现的星系，一个天文学家组成的研究团队在这一片纷杂中发现了一颗美丽的"钻石"——一个罕见的、带有明显旋臂结构的早期星系。这一发现被发表在2012年7月19日的《自然》（Nature）杂志上。这个星系的独特情况或许能够解释为什么旋涡结构在那个时期是如此稀有。

这个新发现的星系被命名为BX

442，存在于宇宙大爆炸后三十亿年。通过研究哈勃空间望远镜拍摄的照片，科学家们辨别出它是一个旋涡星系。它看起来符合"宏象旋涡"星系的特征，在这类星系中，明显的旋臂结构给予了由恒星构成的星盘最显著的外貌特征。

在现在的宇宙中，旋涡结构比比皆是，但当天文学家们将目光穿越宇宙，投向越来越远（也就是越来越古老）的天体上时，旋涡结构就开始逐渐消失了。天文学家们看到的多是块状的、斑斑点点的星系飘荡在奇异的宇宙中，而没有期待中的古老旋涡星系。然而，由于某种原因，BX 442却具有今天通常的旋涡结构，原因或许是它不久前才擦碰上的另一个小得多的星系。"我们能给出的最好的解释是，它形成旋臂的原因是旁边那个小型伴随星系。"该项研究的主要作者，加拿大多伦多大学（University of Toronto）的天体物理学家戴维·劳（David Law）说。如果这个伴随星系是触发因素的话，旋臂将"很可能在大约1亿年内逐渐消失"，劳解释道。在宇宙的那个时期，旋涡结构只能短暂存在的特性可以解释为何旋涡结构如此稀少。

BX 442也有可能是自己演化出了旋涡结构，而不是依靠"邻居"的帮忙。星系内由恒星和气体构成的团块能够导致旋臂的形成；而BX 442的其中一条旋臂旁似乎具有至少一个巨大团块。

当下一代观测设备（例如美国国家航空航天局的韦布空间望远镜）投入使用之后，我们将获得更多宇宙不同阶段的星系样本，可以用于进一步研究。

遥望宇宙暴胀

撰文：戴维·阿佩尔（David Appell）
翻译：庞玮

I NTRODUCTION

　　"宇宙微波背景辐射"曾是让科学家颇为头疼的噪声，然而此时非彼时，现在它已经成为获取宇宙秘密的重要来源。普朗克卫星发射升空正是为了获取更加精细的宇宙信息，科学家们相信它带回的数据将有助于解答众多令人费解的问题。

　　度让那些试图倾听宇宙之声的科学家感到心烦意乱的噪声，最后居然成为了异常丰富的宇宙信息源。对这种被称为"宇宙微波背景辐射"（Cosmic Microwave Background，CMB）的信号进行了40多年探测之后，科学家已经挖掘出众多宇宙学秘密，彻底改变了宇宙学的面貌。欧洲科学家在2009年春天发射的普朗克卫星（Planck satellite）所使用的仪器达到了前所未有的精度，用来窥探这些宇宙早期遗留下来的光子。

　　不过，普朗克计划的意义并不仅仅是"在小数点后多加一位数字"。它是有史以来首次探测早期暴胀宇宙动力

暗能量

　　暗能量被认为是一种能推动宇宙运动的不可见能量。目前的研究显示暗能量的压强为负，与引力相对抗。

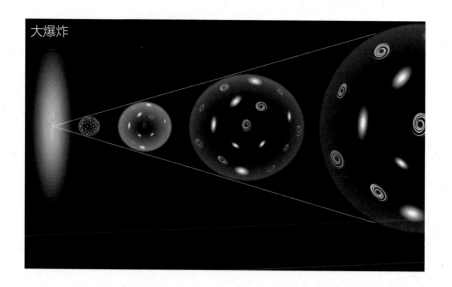

大爆炸

学的行动。所谓的暴胀（inflation），是指大爆炸后约10~35秒发生的空间指数式急剧膨胀。每种暴胀模型的预言都各不相同，而早期宇宙的温度在不同方向上存在细微差异，详细探查这些温度差异的细节，就能对不同的暴胀模型加以检验。普朗克卫星还将寻找宇宙极早期的原初引力波（primordial gravity wave）留下的痕迹，为理论学家提供更多数据来验证他们的想法。它还将更加准确地测量普通物质、暗物质和暗能量的密度在宇宙中所占的令人不解的比例（较早期估算的三者所占比例依次为5%、23%和72%，而经过普朗克卫星的测量，目前认为三者比例为4.9%、26.8%和68.3%）。

经过多年的规划、建造和测试之后，"每个人都笑容满面"，法国巴黎天文台（Paris Observatory）的让－米歇尔·拉马尔（Jean-Michel Lamarre）形容说。普朗克卫星上有两台特殊的

普朗克卫星

　　普朗克卫星于2009年5月14日与赫歇尔空间天文台一起搭乘火箭发射升空，它可以用史无前例的精度收集宇宙微波背景辐射，以获取宇宙微波背景辐射在整个天空的各向异性图，帮助科学家们更加深入地了解宇宙天体的形成过程。

相机，其中一台叫"高频设备"，拉马尔正是该相机的设备科学家（另一台相机叫"低频设备"）。普朗克卫星的大小与一辆家用轿车相仿，它在法属圭亚那的库鲁航天发射中心，与欧洲空间局（European Space Agency，ESA）的赫歇尔空间天文台（Herschel Space Observatory）一起发射升空。

欧洲空间局最初规划普朗克计划是在1992年，当时美国国家航空航天局（NASA）的宇宙背景探测器（COBE）刚刚开始传回数据，揭露了宇宙微波背景辐射中的各向异性——宇宙的残余温度（－270.42℃，只比绝对零度高2.73℃）存在细微但明确的波动。尽管差异只有十万分之一，这些能量密度扰动最终却演化形成了宇宙大尺度结构——庞大的星系团以及星系团之间的巨大空洞。对这些密度扰动的测量还打开了发现之门，一系列关于大爆炸的发现随之涌现。

2003年，威尔金森微波各向异性探测器（WMAP）开始探测微波背景辐射，它的灵敏度是COBE的45倍，使这一领域又向前跃进了一大步。它使科学家精确测定了宇宙年龄（137.3亿年）、宇宙膨胀速度（70.1千米每秒每百万秒差距，一百万秒差距约等于326万光年），以及宇宙中各类成分的构成比例。WMAP证实了宇宙学中的一个主流理论，也就是所谓的lambda-CDM模型。在这个模型中，宇宙遵从爱因斯坦的广义相对论，由对抗引力的暗能量所主导。

普朗克卫星测量微波背景辐射扰动的精度可达百万分之二，是WMAP测量精度的3倍。它携带的两台精密相机还将收集来自9个频道的光子（WMAP只收集5个频道，覆盖范围有限），信号噪声也比WMAP低一个数量级。

美国劳伦斯伯克利国家实验室（Lawrence Berkeley National Laboratory）的奥利弗·察恩（Oliver Zahn）说："'普朗克'会带给我们一些全新的东西，以弥补WMAP的不足。"他早就跃跃欲试，想通过计算将普朗克卫星的原始数据变成宇宙学的各种参数。

"如果'普朗克'得到的结果不像WMAP和哈勃空间望远镜那样惊人，我反倒会大吃一惊。"WMAP只能测量CMB温度各向异性中所含信息的不到10%，对CMB偏振角度差异的测量范围也很狭小。（CMB的偏振反映了光子在空间传播的过程中经历的电场和磁场。）相反，普朗克卫星的全天区视野实质上可以测量所有的温度信息和绝大部分的偏振数据。

最激动人心的结果可能会来自于所谓的B模式偏振数据，这一数据过去从未被测量过。根据理论预言，宇宙暴胀阶段产生的引力波强度决定了B模式偏振的幅度，因此测量B模式偏振就能从众多相互竞争的暴胀模型中选出优胜者。随后，普朗克卫星还能提供宇宙经历过暴胀阶段的证据，并且确定驱动暴胀的能量大概有多少。欧洲空间局普朗克科学小组首席科学家简·陶伯（Jan Tauber）说："在我们即将展开的所有科学项目之中，这可能是最激动人心的一项测量。"而且，就像往常一样，普朗克卫星带回来的最好消息，或许会完全出乎我们的意料。

凝望深空：用于测量宇宙微波背景辐射的普朗克卫星于2009年春季发射升空。

微波背景有光谱

撰文：乔治·马瑟（George Musser）
翻译：谢懿

I NTRODUCTION

用普朗克卫星从微波背景辐射中提取可用信息是一项前沿技术，然而很多科学家的眼光看得更远——通过扫描背景辐射频率得到早期宇宙的光谱，或许能打开一扇了解早期宇宙细节的大门。

宇宙微波背景辐射是宇宙诞生仅40万年时留下的快照。宇宙学家总是在翻来覆去地谈论它，好像我们已经从中挖出了许多有用的信息。毕竟，欧洲空间局（European Space Agency, ESA）正雄心勃勃地计划使用新的普朗克卫星来提取背景辐射空间分布中所蕴含的"所有可用信息"。不过，眼光比普朗克卫星更长远的宇宙学家认为，背景辐射的某一方面还几乎没有被探测过，在观测精度足够高的情

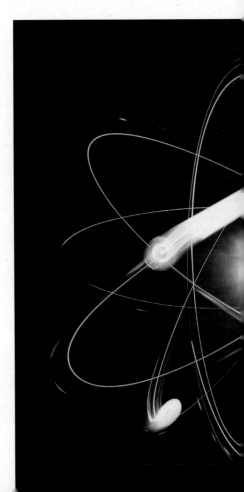

慢化剂

　　慢化剂是一种物质或媒介，用以减慢核裂变所释放的快中子，将之变为热中子，以产生更多热核裂变。核反应堆多采用普通水、重水或石墨作慢化剂。

况下，它将揭示出早期宇宙的新细节——这就是光谱。

　　天文学家经常用太阳和其他恒星的光谱来确定它们的组成。在2009年1月举行的美国天文学会年会上，德国马普天体物理研究所（Max Planck Institute for Extraterrestrial Physics）的著名天体物理学家拉希德·苏尼阿耶夫（Rashid Sunyaev）提出，普朗克卫星的后继者也许可以提取背景辐射中的类似"指纹"。而现在看来，背景辐射的光谱似乎还是完全均匀、没有结构的。

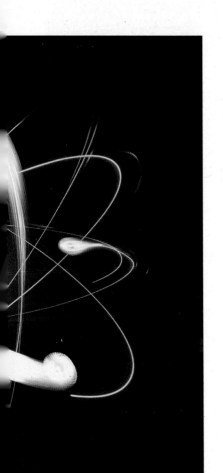

　　在经典模型中，背景辐射由大爆炸最初时刻产生的光子构成。这些光子会被质子和电子散射，直至宇宙冷却到质子和电子能够结合形成氢原子——这一过程被称为"复合"（recombination）。由于原子呈电中性，因此它们很难再散射光子，于是光子就可以大致沿着直线在宇宙中传播。散射过程彻底抹平了光子的光谱，宇宙学家能从中找到的唯一信息，就是物质的整体密度分布。

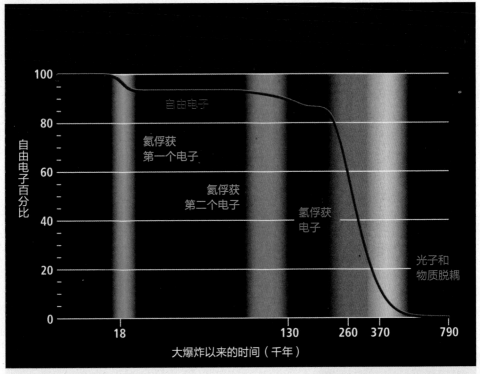

当宇宙冷却到原子核足以俘获电子时，原子就会一步步形成。它们在这个过程中发出的光子，能揭示宇宙中若干现在仍然未知的领域。未来的观测将致力于寻找这些光子。

然而这一模型掩盖了两个细节。第一，质子需要花一定的时间才能真正束缚住电子。它们一开始的相互吸引只是暂时的。为了团结得更紧密，刚形成的原子必须要通过辐射光子来降低能量，而这需要时间。更复杂的是，一个原子发出的光子往往会打掉另一个原子的电子。唯一能平息争端的只有宇宙膨胀，它会削弱光子的能量，逐渐使原子的形成压倒原子的破坏。经常被宇宙学家挂在嘴边的"宇宙诞生后40万年"只是一个说起来比较方便的转折点，复合实际上要花上几百万年的时间才能完成。

第二，尽管宇宙中的物质绝大部分是氢，但也存在为数不少的氦。由于含有两个质子，氦原子核对电子的吸引力更强，形成原子也更早。在宇宙诞生后1.5万年，氦原子核就可以俘获第一个电子，宇宙诞生后10万年就能俘获第二个电子。此外，它们也不会彼此破坏。一小部分提前形成的氢原子会起到慢化剂（moderator）的作用，挡住氦原子发出的光子以免它破坏另一个氦原子。所以氦原子会快速形成。

氢和氦所发出的光子会在原初的背景辐射中加入一些"作料"。测量氦发出的光子的数量，就可以精确地确定宇宙合成了多少氦——这个量目前只能根据恒星中的氦含量外推得到，计算过程非常困难。苏尼阿耶夫说："这是一个极为明确的确定原初氦丰度的方法。"另外，氦发出的光子出现在微波背景辐射之前，因此这些光子可能带有未知物理过程留下的印记，例如某些奇特粒子的衰变等。

但问题在于，原初光子的数量以绝对的优势压倒了氦发出的光子，数量比达到了十亿比一。幸运的是，由于氦原子形成非常迅速，它们发出的光子高度集中在特定频率附近，构成了所谓的"谱线"（spectral line）。苏尼阿耶夫和加拿大理论天体物理研究所（Canadian Institute for Theoretical Astrophysics）的延斯·赫卢巴（Jens Chluba）提出了一个扫描背景辐射频

模糊的宇宙快照

由于观测不到有关的效应，研究宇宙微波背景辐射的科学家曾经忽略了氢原子和氦原子形成之间的差异。但是完善之后的仪器将使理论学家不得不迎头赶上。他们发现的一个问题是，背景辐射是模糊的。当氢再结合的时候，光子会继续散射带电粒子，并且丢失它们携带的有关小尺度物质团块的信息。如果宇宙学家不考虑这一过程的话，他们会错误地以为早期宇宙中没有这些团块，并就此修改宇宙模型，导致对密度之类的基本参数出现估计偏差。美国芝加哥大学（University of Chicago）的宇宙学家埃里克·斯威策（Eric Switzer）说："如果建造了一台非常灵敏的实验仪器，理论模型却是错的，那可就太糟糕了。"

率的新计划，来寻找光子数增加的地方，就像用手指滑过一个平面来感觉尺子测量不出的小突起。西班牙加那利群岛天体物理研究所的若泽·阿尔贝托·鲁维尼奥 – 马丁（José Alberto Rubino-Martín）说："为了观测这些谱线，你必须观测一个固定的点，并且扫描所有的频率。"与此形成对比的是，包括普朗克卫星在内的现有探测器都是以固定的频率来扫描不同位置的。

　　在某种程度上，宇宙的历史是不断再现的。在长达几十年的时间里，背景辐射的空间分布看起来都是均匀的，直到宇宙学家发现了空间涨落。如今，背景辐射的光谱分布似乎是均匀的，然而一旦宇宙学家看到了光谱涨落，他们就将迎接另一波来自早期宇宙的信息洪流。

宇宙向南？

撰文：迈克尔·莫耶（Michael Moyer）
翻译：王栋

INTRODUCTION

一直以来科学家都认为宇宙在各个方向都是一样的，然而目前的一些研究证据却有可能动摇这种传统认识——微波背景辐射的分布和超新星的移动似乎都在暗示宇宙是有方向的。而普朗克卫星传回的数据或许能帮助科学家找到答案。

宇宙既无中心也无边界，在遍布天穹的点点星光中，也没有任何区域显得与众不同。无论从什么地方看，宇宙都是一样的（或者说，物理学家们是这样认为的）。但最近，这个堪称宇宙学一大基石的理论开始动摇了，因为天文学家发现，宇宙空间具有一个特殊方向——尽管目前的证据还比较微弱，但新证据在不断增加。

第一批，也是最完备的数据来自宇宙微波背景辐射（Cosmic Microwave Background，CMB）——宇宙大爆炸后的"余温"。如你所料，这种残留辐射在宇宙空间的分布是不均匀的，有些区域热，有些区域冷。但科学家在最近几年发现，这些或冷或热的区域并不是我们想象的那样，是随机分布的，而是以一种方式排列起来，指向宇宙中的一个特殊方向。宇宙学家给这个特殊方

宇宙加速膨胀

宇宙加速膨胀是指宇宙的膨胀速度越来越快的现象。1929年天文学家哈勃提出的哈勃定律就是宇宙膨胀理论的基础。1998年科学家通过观测遥远超新星获得的数据表明，宇宙正在加速膨胀。由于这三位科学家为宇宙的加速膨胀提供了关键证据，因而获得了2011年诺贝尔物理学奖。

向赋予了一个足够吸引眼球的名字——"邪恶轴心"。

在对超新星（supernovae）的研究中，科学家发现了更多线索。超新星是恒星的末日，是一种能够在短时间内照亮整个星系的恒星爆发。宇宙学家一直在利用超新星来标示宇宙加速膨胀（accelerating university，相关成果获得了2011年诺贝尔物理学奖），而详细的统计研究显示，在稍微偏离"邪恶轴心"的一个方向上，超新星甚至移动得更快。与此类似，天文学家测量发现，星系团正在以每小时100万英里（约合160万千米）的速度穿过宇宙空间，朝着南方的一个区域鱼贯前行。

这些意味着什么？可能什么都不是。"这些或许只是一个巧合。"美国密歇根大学安阿伯分校（University of Michigan, Ann Arbor）的宇宙学家德拉甘·胡特尔（Dragan Huterer）说。或者是测量上的一些小误差（虽然已经尽可能仔细）在不经意间影响了数据。再或者，胡特尔说，也许我们所看到的确实是"某种令人震惊的事"的初步迹象。宇宙最初的爆炸式膨胀所持续的时间可能比我们先前所认为的长了那么一点点，造成宇宙有些许倾斜，直到今天仍是那样。美国凯斯西储大学（Case Western Reserve University）的宇宙学家格伦·斯塔克曼（Glenn D. Starkman）认为，还有一种可能是在大尺度上，宇宙或许像管子一样卷了起来，在一个方向上是卷曲

星系在某些方向上移动得更快一些。

的，而在其他方向上都是平直的。当然，也可能是使宇宙加速膨胀的暗能量在不同地方起着不同的作用。

当前，所有数据都只是初步结果，只能微弱地暗示，我们对宇宙的传统认识可能有偏差。科学家正在迫切期待着普朗克卫星传回的数据，该卫星目前待在距地球93万英里（约合150万千米）的一个安静角落，测量宇宙微波背景辐射。它要么会确认先前的有关"邪恶轴心"的测量结果，要么会证明这只是一个错误。在那之前，谁也不知道宇宙到底有没有方向。

图书在版编目（CIP）数据

太空移民我们准备好了吗 ／《环球科学》杂志社，外研社科学出版工作室编. ——
北京：外语教学与研究出版社，2013.12
　（《科学美国人》精选系列. 科学最前沿天文篇）
　ISBN 978-7-5135-3867-1

　Ⅰ. ①太… Ⅱ. ①环… ②外… Ⅲ. ①天文学－普及读物 Ⅳ. ①P1-49

中国版本图书馆CIP数据核字(2013)第300670号

出 版 人　蔡剑峰
责任编辑　蔡　迪
封面设计　覃一彪
版式设计　水长流文化
出版发行　外语教学与研究出版社
社　　址　北京市西三环北路19号（100089）
网　　址　http://www.fltrp.com
印　　刷　北京利丰雅高长城印刷有限公司
开　　本　730×980　1/16
印　　张　13
版　　次　2013年12月第1版 2013年12月第1次印刷
书　　号　ISBN 978-7-5135-3867-1
定　　价　49.00元

购书咨询: (010)88819929 电子邮箱: club@fltrp.com
如有印刷、装订质量问题，请与出版社联系
联系电话: (010)61207896 电子邮箱: zhijian@fltrp.com
制售盗版必究 举报查实奖励
版权保护举报电话: (010)88817519
物料号: 238670001